高等学校"十三五"规划教材

物理化学实验

第二版

潘湛昌　胡光辉　主编

化学工业出版社

·北京·

《物理化学实验（第二版）》包括热力学、动力学、电化学、表面现象、胶体、结构测试与计算等方面的实验共计 23 个，选取的实验项目经典、实用，可满足国内绝大多数院校的实验要求。对物理化学实验常见仪器的原理和使用方法附于具体的实验项目之后，方便学生查阅和提供直接指导。本书编写时注意基础性实验与设计性实验相结合，有利于发挥学生的主观能动性。

　　本书可作为广大理工科院校开设物理化学实验的教材，也可供相关研究人员参考使用。

图书在版编目（CIP）数据

物理化学实验/潘湛昌，胡光辉主编. —2 版 . —北京：化学工业出版社，2017.8（2023.8重印）
高等学校"十三五"规划教材
ISBN 978-7-122-29881-2

Ⅰ.①物… Ⅱ.①潘…②胡… Ⅲ.①物理化学-化学实验-高等学校-教材　Ⅳ.①O64-33

中国版本图书馆 CIP 数据核字（2017）第 128317 号

责任编辑：宋林青	文字编辑：刘志茹
责任校对：宋　玮	装帧设计：关　飞

出版发行：化学工业出版社（北京市东城区青年湖南街 13 号　邮政编码 100011）
印　　装：北京科印技术咨询服务有限公司数码印刷分部
787mm×1092mm　1/16　印张 10　字数 170 千字　2023 年 8 月北京第 2 版第 6 次印刷

购书咨询：010-64518888　　售后服务：010-64518899
网　　址：http://www.cip.com.cn
凡购买本书，如有缺损质量问题，本社销售中心负责调换。

定　　价：22.00 元

前　　言

　　《物理化学实验》第一版出版已经十个年头了，在教学实践中发现了一些需要更新的内容。

　　1. 实验一"燃烧热的测定"中，由于第一版的部分内容描述可能会对学生造成误解，给实验带来不必要的失误，为此进行了重新整理；

　　2. 实验三"凝固点降低法测定分子量"也根据新购买的仪器，对实验内容作了相应的修改；

　　3. 实验九对水的"分解电压的测量"进行了内容替换，由二电极体系变为三电极体系进行测量，使学生可以更好地理解平衡电极电势和超电势的概念，并对阳极极化曲线和阴极极化曲线与槽压、分解电压的关系也有直观的认识；

　　4. 随着教学改革的推动、学生创新活动的展开，物理化学实验也新增了一些方法，如实验十三"过氧化氢的催化分解"，大二学生黄浩炜等在实验中经过探索，表明可以用皂泡管替代水准瓶，读取气体的体积，从而简化了实验，其成果申请了发明专利和实用新型专利，并在广东省大学生挑战杯竞赛中获奖，本文亦以附的形式将此内容补录于相应章节，以期对物理化学实验的改革尽绵薄之力。

　　再版工作由潘湛昌、胡光辉组织协调。感谢参与第一版工作的所有同事，再版工作是在第一版的基础上开展的。感谢学校、学院领导对本书的支持。

　　虽然我们尽了最大努力，但限于水平，疏漏之处在所难免，希望读者不吝赐教。

潘湛昌　　胡光辉

2017 年 4 月于广州大学城

第一版前言

使学生掌握物理化学实验的基本技术和技能是物理化学实验课的基本要求之一，考虑到物理化学实验教学改革的迫切需要，我们在广东工业大学使用多年的"物理化学实验"讲义的基础上，结合现有的仪器，由广东工业大学从事物理化学教学的相关老师编写了本物理化学实验教材。

本教材的实验内容包括：热力学、动力学、电化学、表面现象、胶体、结构测试与计算；取材尽可能反映近代科学研究和化学化工生产的新成就，对于某些传统的沿用至今的实验，考虑到它们在加深基本理论和概念上的作用，仍选入本教材。书中主要以实验为主，在每个实验中介绍相关的实验技术和仪器，附录部分仅包括常用的数据。

本书可用作化学、化工、制药、食品、生物、环境、材料等专业学生的物理化学实验教材，可以根据专业和学时数的不同，选做不同的实验；以基本技能和素质培养为出发点，从实验方法的角度出发，培养学生的研究精神，多个实验要求学生在完成基础实验后，根据本教材的提示，查阅相关资料，进行设计性实验，写出科研论文并进行交流。

本书编写具体分工如下：绪论、实验三、实验七、实验十～实验十二、实验十四、实验十六、附录由潘湛昌编写；实验八、实验十三、实验十五由傅维勤编写；实验一、实验四、实验九由李琼编写；实验五、实验十七由陈世荣编写；实验二、实验六、实验十八、实验二十二由胡光辉编写；实验二十三由魏志钢编写；实验十九由余坚编写；实验二十一由成晓玲编写；实验二十由苏小辉、厉刚编写；全书由潘湛昌统稿、定稿。

教材编写过程中得到了学校、学院领导的支持，特别是系领导李红老师的关心、鼓励；感谢化学工业出版社的热情支持，使本教材得以顺利出版；更不敢忘记老一辈的物化人曾章逸、吕敦文、黄柳书、黄慧民等老师多年努力打下的基础。

在本书的编写过程中，参阅了国内外有关院校所编的同类教材，从中吸取了某些内容，在此，编者特致谢意。

由于编者水平有限，编写时间仓促，书中不足之处难以避免，诚恳希望有关老师和同学批评指正。

潘湛昌

2008 年 5 月于广州大学城

目 录

绪　　论

一、物理化学实验的目的和要求

1. 物理化学实验的目的

物理化学实验是物理化学教学内容的一个重要组成部分。根据不同的教学要求，可以单独作为一门课程开设，也可以和物理化学理论部分合并作为一门课程开设。物理化学实验的主要目的是：

① 通过实验加深对物理化学基本原理的理解，巩固所学的知识；

② 通过实验培养学生进行科学实验的基本技能，使学生掌握各种基本仪器的使用方法，学会观察和分析实验现象，正确记录和处理实验数据的方法，提高学生解决实际问题的动手能力。

2. 物理化学实验课的基本要求

（1）实验前必须认真预习，了解实验的目的和原理、仪器的结构和使用方法、实验装置和操作步骤，并写出简要的预习报告。不允许在上课时边看实验教材边做实验。

（2）实验过程中必须准确记录原始数据、字迹要清楚，不能随意涂改数据。实验结束后，应把原始数据记录交教师审阅，并且附在实验报告后一起上交。

（3）实验完毕后认真写好实验报告。内容包括：

① 实验目的和原理（简明扼要）；

② 实验仪器的名称、型号、生产厂家；

③ 药品名称、纯度；

④ 原始数据（尽可能列表表示）、计算公式及计算结果或作图并写出从图中得出的结论。

（4）讨论：包括对实验现象的解释、实验结果的评价、误差分析、思考题的回答等。

3. 物化实验的注意事项

（1）实验前要按教材核对仪器和药品，如不齐全或有破损应找指导老师，及时补充或更换。除本组仪器外不要动用其他仪器。

（2）在开始实验时先进行仪器的安装或电路连接，经教师检查合格后（注意：未经教师检查，不可接通电源），方可正式开始实验。

（3）使用仪器时要按规定进行操作，以免损坏，未经教师同意不得擅自改变操作方法。如损坏仪器，则要及时报告教师，并到实验室管理处进行人员登记，按章处理。

（4）实验时要保持安静及台面整洁。实验完毕后应将仪器、药品加以整理、放回原处，玻璃仪器应洗干净，以便下次使用。

（5）每次实验结束由各班班长安排清洁卫生值日。

（6）严格遵守物理化学实验室中的安全防护守则。

二、实验测量误差的表示和分析

1. 测量方法

在物理化学实验中，需要测定各种物理量。测量的方法很多，但可归纳分为两大类。

（1）直接测量

如用温度计测量某系统的温度，用压力计测量某系统的压力等，都可以直接从仪表上读出所测数据。

（2）间接测量

所测的物理量不能直接从仪表上读出，需将可直接测量的某些物理量代入公式或通过作图方能将所需的物理量求出。如反应热的测定、表面张力的测定等。物理化学实验中的多数测量均属于此类。

2. 测量的准确度和精密度

判断一个测量结果的好坏，必须同时从测量的准确度和精密度两方面加以考虑。由于仪器和感觉器官的限制，反复测定某一物理量的结果，每次总有差异而不可能完全相同。把测得值与真实值的接近程度称为准确度，两者越接近则准确度越高，可见准确度指测量结果的正确性。测量的重复性好坏和所测得有效数据的位数多少称为精密度。重复性越好、有效数字的位数越多，则表示测量进行得越精密。在某些情况下，真实值 $X_{真}$ 是未知的，常常用多次测量的算术平均值 X 来代替。若测量值 X_i 与 $X_{真}$ 或 X 相差不大，则是一个精密的测量。但一个准确度高的测量必须有高的精密度来保证。

3. 误差的表示

（1）绝对误差与相对误差

$$绝对误差＝测定值－真值$$

$$相对误差＝\frac{绝对误差}{真值}\times100\%$$

由于绝对误差只能显示出误差绝对值的大小，而误差在测定结果中所占的百分数，即测定结果的准确度是不能反映出来的，所以一般用相对误差表示测定结果的准确度。例如用天平称 A 样品的质量为 10.005g，而其真实质量为 10.006g；又称 B 样品质量为 0.101g，而其真实质量为 0.102g，它们的绝对误差分别为：

$$10.005g－10.006g＝－0.001g$$

$$0.101g－0.102g＝－0.001g$$

相对误差为：

$$\frac{-0.001}{10.006}\times100\%＝-0.01\% \qquad \frac{-0.001}{0.102}\times100\%＝-0.98\%$$

可见两者的绝对误差相同，但相对误差却大不相同。用相对误差能够清楚地比较出它们的准确度。显然被称量物体的质量较大时，相对误差就比较小，称量的准确度就比较高。

（2）平均误差、标准误差与或然误差

在相同的条件下对同一物理量进行 n 次反复测定，则测定值的数学平均值为：

$$\bar{X}=\frac{1}{n}\sum_{i=1}^{n}X_i \qquad\qquad (0-1)$$

定义平均误差为：

$$\alpha = \frac{1}{n} \sum_{i=1}^{n} \left| X_i - \overline{X_i} \right| \tag{0-2}$$

标准误差为：

$$\sigma = \sqrt{\frac{\sum_{i=1}^{n} (X_i - \overline{X})^2}{n-1}} \tag{0-3}$$

或然误差 p 是指在一组测量中误差落在 $+p$ 与 $-p$ 之间的测量次数占总测量的次数的一半。

上面这三种误差都可用来表示测量的精密度，但在数值上略有不同，它们的关系是：

$$p : \alpha : \sigma = 0.675 : 0.799 : 1.00$$

平均误差的优点是计算简便，但用这种误差表示时，可能会把质量不高的测量掩盖住。标准误差对一组测量中较大误差或较小误差感觉比较灵敏，因此它是表示精确度的较好方法，在近代科学中多采用标准误差。

测量结果的精密度可表示为：

$$X \pm \sigma \quad 或 \quad X \pm \alpha \tag{0-4}$$

α、σ 越小，表示测量的精密度越高，也可用相对误差来表示：

$$\sigma_{相对} = \frac{\sigma}{X} \times 100\% \quad 或 \quad \alpha_{相对} = \frac{\alpha}{X} \times 100\% \tag{0-5}$$

4. 误差的分类

任何测量中都存在误差，根据误差的性质和来源可分为系统误差、偶然误差和过失误差。

（1）系统误差

在相同的条件下多次测量同一物理量时，如果测得的数据总是偏大（或总是偏小），或在观察条件改变时误差按某一确定的规律变化，这种误差称为系统误差。产生系统误差的原因如下。

① 由于仪器本身存在的缺点所引起，如仪器构造不够完善、刻度不准、仪器漏气、零点未核准等。

② 实验控制条件不合格，如反应中进行的反应不完全、化学药品纯度不符合要求等。

③ 测量方法本身限制，如根据理想气体状态方程测定蒸气的分子量时，由于实际气体对理想气体的偏差，不用外推法求得的分子量总是比实际的分子量大。

④ 实验方法有缺点或采用了近似的计算公式，如称量时未考虑气体浮力、气压计读数未加核准等。

⑤ 测量者个人习惯性误差，如有的人对颜色感觉不灵敏、滴定等当点总是偏高或偏低等。

消除系统误差，通常可采用下列方法。

① 用标准样品校正实验者本身引进的系统误差。

② 用标准样品或标准仪器校正测量仪器引进的系统误差。

③ 纯化样品。

④ 实验条件、实验方法、计算公式等引进的系统误差，比较难以发觉，必须仔细探索是哪些因素不符合要求，才能采取相应的措施设法消除。

（2）偶然误差

在相同条件下多次重复测量同一物理量，每次测量结果都有一些不同，误差的符号或大小也不确定。这种误差称为偶然误差。这类误差往往是由于实验条件的波动和测定者对数据的每一次判断不一致等原因造成的。

偶然误差表面看起来好像没有什么规律，实际上当测量次数增多时，发现偶然误差的大小和符号都完全受某种误差分布（一般指正态分布）的概率规律所支配。这种规律称为误差定律。偶然误差的正态分布曲线如图 0-1 所示。

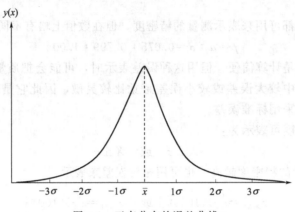

图 0-1　正态分布的误差曲线

图 0-1 中 $y(x)$ 代表测定值的概率密度，σ 代表标准误差。在相同条件的测量中其值恒定，可作为偶然误差大小的量度。偶然误差具有下列特点：①在一定的测量条件下，偶然误差的绝对值不会超过一定的界限；②绝对值相同的正负误差出现的机率相同；③绝对值小的误差比绝对值大的误差出现的机率多；④以相等精度测量某一物理量时，其偶然误差的算术平均值 δ 随着测量次数 n 的无限增加而趋近于零，即

$$\lim_{n \to \infty} \overline{\delta} = \lim_{n \to \infty} \frac{1}{n} \sum_{i=1}^{n} \delta_i = 0$$

因此为了减小偶然误差的影响，在实际测量中常常对被测的物理量进行多次重复的测量。

（3）过失误差

由于实验者的粗心、不正确操作或测量条件的突变引起的误差，称为过失误差。显然过失误差在实验工作中是不允许发生的，若实验者仔细专心地从事实验也是完全可以避免的。因此这里在给出系统误差和偶然误差的数学定义后，讨论它们对测量结果的影响。

当测量次数 n 趋于无穷时，算术平均值的极限称为测定值的数学期望 X_∞。

$$X_\infty = \lim_{n \to \infty} \overline{X} \tag{0-6}$$

定义系统误差为：

$$\varepsilon = X_\infty - X_{真} \tag{0-7}$$

定义偶然误差为：

$$\delta_i = X_i - X_\infty \quad (i = 1, 2, \cdots, n) \tag{0-8}$$

从式（0-7）和式（0-8）可得：

$$\varepsilon + \delta_i = X_i - X_{真} = \Delta X_i \tag{0-9}$$

式中，ΔX_i 为测量次数从 $1 \sim n$ 的各次测量误差，它等于系统误差与各次测量的偶然误差的代数和。从上述定义可知，ε 越小，则测量值结果越准确。δ_i 说明了各次测量值与其 X_∞ 的离散程度，测量数据越离散，则测量的精密度越低，ΔX_i 则反映了系统误差与偶然误差的综合影响，故它可作为衡量测量精密度的尺度。

5. 测量结果的正确记录和有效数字

在直接测量中，表示测量结果的数值，其位数应按测量仪表的精密限度书写，这样所记录的数字称为"有效数字"。有效数字除其末位数为估计（因而是可疑或不确定的）外，其余各位数字都是准确的。通常认为所写数值末位数字上可以有一个单位或半个单位的误差，因此用计量仪器测量，在读数时除读到所用仪器的最小分度外，还应再估计到最小分度的 1/10。如滴定管的最小分度是 0.1mL，管内液面在于 22.2～22.3mL 之间，测量值应记录为 22.28mL，即有效数字的位数为 4 位，前三位数字是准确的，而第四位数是估计出来的。

在记录、报告和计算测量数据时，必须遵守如下有效数字规则。

（1）在记录测量数据和运算结果时，只应保留一位可疑数字。记录数字的位数与所用测量仪器或方法的精密度相一致。当有效数字的位数确定后，其后面的数字应按四舍五入原则处理。

（2）有效数字的位数与十进制单位的变换无关，与小数点的位置无关。如用天平称量某一物质重 0.0150g，其中前两个零不是有效数字，因为它们存在与否与所用质量单位有关，而与称量精密度无关。当取毫克作为质量单位时，记作 15.0mg，这样前面两个零就没有了，最后面那个零仍保留，它是有效数字，指示称量的精度，不能任意舍弃。又如，称得一物体为 15kg，1/10 位即为可疑位，应写作 15.0kg，若以克作单位，写成 15000g，这样就无法判断这后面的三个零究竟是用来表示有效数字还是用以标志小数点位置的，为了避免这个困难常采用指数表示法。如 15000g 若表示成三位有效数字可写成 1.50×10^4g。

（3）若第一位数值大于或等于 8，则有效数字总位数可以多算一位。例如，9.15 是三位有效数字，但在运算时可以作四位有效数字处理。

（4）任一测量数据，其有效数字的最后一位，在位数上应与误差的最后一位对齐。例如，1.35 ± 0.01 正确，若写成 1.351 ± 0.01，则为夸大结果的精密度，若写成 1.3 ± 0.01 则为缩小结果的精密度。

（5）记录和处理数据时，在大多数情况下，只保留一位可疑数字，但有时为避免因计算引起的误差，可以保留两位可疑数字。

（6）有效数字的运算规则

① 加减运算　将加减数值位数对齐，以可疑数字绝对误差最大的数值来确定计算值第一位可疑数字位数，以此作为计算值有效数字的最后一位。第二位、第三位……可疑数字可根据四舍五入的方法处理，如：

$$
\begin{array}{r}
0.254 \\
21.2 \\
+\quad 1.23 \\
\hline
22.684
\end{array}
\qquad
\begin{array}{r}
21.21 \\
-\quad 0.2234 \\
\hline
20.9866
\end{array}
$$

应写成 22.7　　　　　　　　　应写成 20.99

② 乘除运算　计算结果采用有效数字与计算项中有效数字位数最小者相等，如：

$$2.3 \times 0.524 = 1.2 \qquad 3.32 \div 2810 = 1.18 \times 10^{-3}$$

对数运算时,对数尾部有效数字位数与真数的有效数字位数相等。

误差一般只有一位有效数字,最多不超过两位。

三、物理化学实验数据的处理

为了阐明和分析某些规律,需将实验数据归纳、处理。常用列表法、图解法和公式法确定数据间的相互关系,现分述如下。

1. 列表法

若做完某实验后获得了大量数据,经初步处理后,应尽可能将数据列入表中,整齐而有规律地表达出来,使得全部数据一目了然,便于进一步运算与检查。作表格时应注意以下几点。

① 表格名称 每个表格均应有完全而简明的名称。

② 自变量的选择 在表格上通常要列出自变量和因变量间的相应数值。自变量的选择有一定的伸缩性,通常选择较简单的,例如温度、时间、浓度等变量,选择时最好能使其数值依次等量的递增。

③ 行名和量纲 将表格分成若干行。每一变量,应占表格中一行。每行的第一列写上该行变量的名称及量纲。

④ 有效数字 每一行所记数据,应注意其有效数字位数,并将小数点对齐。如果用指数来表示数据中小数点的位置,为简便起见,可将指数放在行名旁,但此时指数上的正负号应易号。如表 0-1 中醋酸的浓度分别为 $2.02 \times 10^{-3} \, mol/L$、$2.46 \times 10^{-3} \, mol/L$……,则该行行名可写成 $c/(10^{-3} \, mol/L)$,然后在该行的每一列相应位置写上 2.02、2.46…即可。

表 0-1 骨炭吸附醋酸的吸附量 Γ 和浓度 c 的关系

$c/(10^{-3} \, mol/L)$	$\Gamma/(mol/kg)$	$c^{-1}/(L/mol)$	$\Gamma^{-1}/(kg/mol)$
2.02	0.202	495.0	4.950
2.46	0.244	406.5	4.098
3.05	0.299	327.9	3.344
4.10	0.394	243.9	2.538
5.81	0.541	172.1	1.848
12.80	1.050	78.1	0.952
100.00	3.380	10.0	0.296
200.00	4.050	5.0	0.248

2. 图解法

图解法与上述的列表法相比具有更多的优点,它不仅能直接显示出自变量和因变量间的变化关系,而且通过求实验内插值、外插值、曲线某点切线斜率、极值点、拐点以及直线的斜率、截距等可进一步求出所需的实验结果,或求出一些实验难以直接测定的物理量。

如图 0-2 所示是根据表 0-1 的数据所作出的 Γ^{-1} 与 c^{-1} 关系图,从图中可求出截距 $= \dfrac{1}{\Gamma_\infty} = 0.19$。所以 $\Gamma_\infty = 5.26 \, mol/kg$

$$斜率 = \frac{1}{b\Gamma_\infty} = \frac{4.950 - 0.2188}{495.0 - 2.0} = 9.60 \times 10^{-3}$$

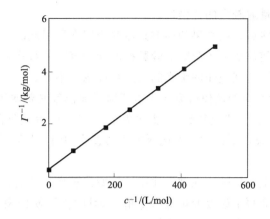

图 0-2 吸附等温线

所以 $b=19.8\text{L/mol}$

故可知该系统的朗格缪尔吸附等温式为：

$$\Gamma=\Gamma_\infty\frac{bc}{1+bc}=5.26\times\frac{19.8c}{1+19.8c}$$

为使所作出的图线准确，作图时要注意以下几点。

(1) 作图前要先将作图所需的数据列表表示

如要作图 0-2，先要将 Γ^{-1} 与 c^{-1} 值列表表示。

(2) 坐标纸的选择与横坐标的确定

直角坐标纸最为常用，有时半对数坐标纸或 lg-lg 坐标纸也可选用，在表达三组分体系用图时，常采用三角坐标纸。

在用直角坐标作图时，习惯上以自变量为横轴，因变量为纵轴，横轴与纵轴的读数不一定从零开始，可视具体情况而定。例如：测定物质 B 在溶液中的摩尔分数 x_B 与溶液蒸气压 p 得到如下数据（表 0-2），其关系符合拉乌耳定律。

表 0-2 摩尔分数 x_B 与溶液蒸气压 p 的关系

x_B	0.02	0.20	0.30	0.58	0.78	1.00
p/mmHg	128.7	137.4	144.7	154.8	162.0	172.5

注：1mmHg=133.32Pa，下同。

溶液的蒸气压 p 是随摩尔分数 x_B 而变，因此取 x_B 为横坐标、p 为纵坐标。

(3) 坐标的范围

确定坐标的范围就是要包括全部测量数据或稍有余地。上例中 x_B 的变化范围：1.00－0.02=0.98。p 的变化范围：172.5－128.7=43.8(mmHg)。

坐标起点初步可定为 (0，125.0)，横坐标 X_B 的范围可在 0～1.00，纵坐标 p 的范围可在 125.0～175.0mmHg。

(4) 比例尺的选择

坐标轴比例尺的选择极为重要。由于比例尺的改变，曲线形状也将跟着改变，若选择不当，曲线的某些相当于极大、极小或转折点的特殊部分则看不清楚。

比例尺选择的一般原则如下。

① 要能表示全部有效数字，以便从图解法求出各量的准确度与测量的准确度相适应，

为此将测量误差较小的量取较大的比例尺。

由实验数据作出曲线后，则结果的误差是由两个因素所引起的，即实验数据本身的误差及作图带来的误差，为使作图不致影响实验数据的准确度，一般将作图的误差尽量减少到实验数据误差的 1/3 以下，这就使作图带来的误差可以忽略不计。

② 图纸每一小格所对应的数值既要便于迅速简便地读数又要便于计算，如 1、2、5，或者是 1、2、5 的 10^n（n 为正或负整数），要避免用 3、6、7、9 这样的数值及它的 10^n 倍。

③ 若作的图形为直线，则比例尺的选择应使其直线的斜率尽可能接近于 45°。

（5）画坐标轴

选定比例尺后，画上坐标轴，在轴旁注明该轴所代表变量的名称和单位。在纵轴的左面和横轴下面每隔一定距离写下该处变量应有的值（标度），以便作图及读数，但不应将实验值写于坐标轴旁，读数横轴自左至右，纵轴自下而上。

如已确定 x_B 的比例尺为 0.01/格，即横坐标每小格为 0.01，x_B 的变化范围从 0.02～1.00，所以横坐标取 100 小格，起点为 0。纵坐标也应取 100 小格左右，p 的变化范围为 43.0mmHg，所以 γ_p=43.0/100=0.43，可取 0.5mmHg，这样纵坐标长度约为 90 小格，起点可定为 125mmHg/格。

已知 γ_{x_B}=0.01/格，γ_p=0.5mmHg/格，坐标起点为（125，0），即可在坐标纸上做好标度。没有必要在每 10 个小格纸上标度，横坐标为 0、20、40、60、80 及 100。小格下写上 0.20、0.40、0.60、0.80 及 1.00，纵坐标在起点，50 小格和 100 小格处分别写上 125、150、175 即可。

（6）描点

将相当于测得数值的各点绘于图上，在点的周围画上×、○、□ 或其他符号（在有些情况下其面积大小应近似地显示测量的准确度。如测量的准确度很高，圆圈应尽量画得小一些，反之就大一些）。在一张图纸上如有数组不同的测量值时，各组测量值的代表点应以不同符号表示，以示区别，并须在图上注明。

（7）连曲线

把点描好后，用曲线板或曲线尺作出尽可能接近于诸实验点的曲线，曲线应平滑均匀、细而清晰，曲线不必通过所有各点，但各在曲线两旁分布，在数量上应近似相等，各点和曲线间的距离表示了测量点的误差，曲线与代表点间的距离应尽可能小，并且曲线两侧各点与曲线间距离之和亦应近似相等。

如果在理论上已阐明自变量和因变量为直线关系，或从描点后各点的走向看来是一直线就应画为直线，否则按曲线来反映这些点的规律。

在画出直线时，一般先取各点的重心，此重心位置是两个变量的平均值。上例中此溶液具有理想溶液的性质，故 x_B 与 p 应为直线关系。在 x_B-p 图中 x_B=0.48，p=150mmHg。坐标（150.0，0.48）即为图上各点的重心，通过此重心，选好一条直线，使各点在此直线两边分布较均匀（若不是直线关系，则不必求重心）。

（8）写图名

写上清楚完备的图名及坐标轴的比例尺。图上除了图名、比例尺、曲线坐标轴及读数之外，一般不再写其他内容及作其他辅助线。数据亦不要写在图上，但在实验报告上应有相应的完整的数据。

（9）正确选用绘图仪器

绘图所用的铅笔应该削尖，才能使线条明晰清楚，画线时应该用直尺或曲尺辅助，不要用手来素描。选用的直尺或曲线板应透明，才能全面地观察实验点的分布情况，作出合理的线条来。

3. 方程式法

每一组实验数据可以用数学经验方程式表示，这不但表达方式简单、记录方便，而且也便于求微分、积分或内插值。实验方程式是客观规律的一种近似描绘，它是理论探讨的线索和根据。例如，曾发现液体或固体的饱和蒸气压 p 与温度 T 符合下列经验式：

$$\lg p = \frac{A}{T} + B$$

后来由化学热力学原理可推出饱和蒸气压与温度有如下的关系：

$$\lg p = \frac{-\Delta H_气}{2.303RT} + 常数$$

因此作出 $\lg p$ 与 $1/T$ 的图，由直线的斜率可求得 A 的值，而 $A = \frac{-\Delta H_气}{2.303R}$，这样就可以求出 $\Delta H_气$。

建立经验方程式的基本步骤如下。

（1）将实验测定的数据加以整理与校正。

（2）选出自变量和因变量并绘出曲线。

（3）由曲线的形状，根据解析几何的知识，判断曲线的类型。

（4）确定公式的形状，将曲线变换成直线关系或者选择常数将数据表达成多项式。常见的例子见表 0-3。

表 0-3　常见的例子

方程式	变换	直线化后得到的方程式	方程式	变换	直线化后得到的方程式
$y = a\,e^{bx}$	$Y = \ln y$	$Y = \ln a + bx$	$y = \dfrac{1}{a+bx}$	$Y = \dfrac{1}{y}$	$Y = a + bx$
$y = ax^b$	$Y = \lg y, X = \lg x$	$Y = \lg a + bx$	$y = \dfrac{x}{a+bx}$	$Y = \dfrac{x}{y}$	$Y = a + bx$

（5）用图解法或计算法来决定经验公式中的常数。

① 图解法　简单方程如下。

$$y = a + bx \tag{0-10}$$

在 x-y 的直角坐标图上，用实验数据描点得一条直线，可用两种方法求 a 和 b。

方法一即截距斜率方法。将直线延长交于 y 轴，在 y 轴上的截距即为 a，而直线与 x 轴的交角若为 θ，则斜率 $b = \tan\theta$。

方法二即端值方法。在直线两端选两个点 (x_1, y_1)、(x_2, y_2) 将它们代入式（0-10）即得：

$$y_1 = a + bx_1$$
$$y_2 = a + bx_2$$

由此可求得：

$$b = \frac{y_1 - y_2}{x_1 - x_2}$$

$$a=y_1-bx_1=y_2-bx_2$$

② 计算法 不用作图而直接由所测数据进行计算。设实验得到 n 组数据 (x_1, y_1)、(x_2, y_2)、(x_3, y_3)、$\cdots$ (x_n, y_n)。代入式(0-10) 得：

$$y_1=a+bx_1$$
$$y_2=a+bx_2$$
$$\vdots$$
$$y_n=a+bx_n \tag{0-11}$$

由于测定值各有偏差，若定义：

$$\delta_i=y_i-(a+bx_i) \quad (i=1,2,3,\cdots) \tag{0-12}$$

式中，δ_i 为 i 组数据的残差。对残差的处理有两种不同的方法。方法一即平均法。这是最简单的方法，令经验方程式残差的代数和等于零，即：

$$\sum_{i=1}^{n}\delta_i=0$$

计算时把式(0-11) 的方程式组分成数目相等或接近相等的两组，按下式叠加起来，得到下面两个方程，可解出 a 和 b。

例如，设 $y=a+bx$

x	1	3	8	10	13	15	17	20
y	3.0	4.0	6.0	7.0	8.0	9.0	10.0	11.0

依次代入式(0-11) 得下列 8 个方程式：

$$a+b=3.0 \qquad (1) \qquad\qquad a+13b=8.0 \qquad (5)$$
$$a+3b=4.0 \qquad (2) \qquad\qquad a+15b=9.0 \qquad (6)$$
$$a+8b=6.0 \qquad (3) \qquad\qquad a+17b=10.0 \qquad (7)$$
$$a+10b=7.0 \qquad (4) \qquad\qquad a+20b=11.0 \qquad (8)$$

将式(1)~式(4) 分为一组，相加得一方程式；式(5)~式(8) 分为另一组，相加得另一方程式，即：

$$4a+22b=20.0$$
$$4a+65b=38.0$$

解此联立方程式得：$a=2.70$，$b=0.420$

代入原方程得：$y=2.70+0.420x$

方法二即最小二乘法。这是最准确的处理方法，其根据是残差的平方和为最小，即：

$$\Delta=\sum_{i=1}^{n}\delta^2=最小$$

按上例可得：

$$\Delta=\sum_{i=1}^{n}[y_i-(a+bx_1)]^2=最小$$

由函数有极小值的必要条件可知 $\dfrac{\partial\Delta}{\partial a}$ 和 $\dfrac{\partial\Delta}{\partial b}$ 必等于零，因此可得到下列两个方程式：

$$\frac{\partial \Delta}{\partial a} = -2(y_1 - a - bx_1) - 2(y_2 - a - bx_2) - \cdots - 2(y_n - a - bx_n) = 0$$

或 $$(y_1 - a - bx_1) + (y_2 - a - bx_2) + \cdots + (y_n - a - bx_n) = 0$$

即 $$\sum y_i - na - b\sum x_i = 0$$

同理可得：

$$\frac{\partial \Delta}{\partial b} = -2x_1(y_1 - a - bx_1) - 2x_2(y_2 - a - bx_2) - \cdots - 2x_n(y_n - a - bx_n) = 0$$

即 $$\sum x_i y_i - a\sum x_i - b\sum x_i^2 = 0$$

解上述 $\frac{\partial \Delta}{\partial a} = 0$ 与 $\frac{\partial \Delta}{\partial b} = 0$ 的联立方程式得：

$$a = \frac{\sum xy \sum x - \sum y \sum x^2}{(\sum x)^2 - n\sum x^2} \tag{0-13}$$

$$b = \frac{\sum x \sum y - n\sum xy}{(\sum x)^2 - n\sum x^2} \tag{0-14}$$

由表可知：

$$n = 8$$
$$\sum x = 87 \qquad\qquad \sum y = 58.0$$
$$\sum x^2 = 1257 \qquad\quad \sum xy = 762.0$$

代入式(0-13) 和式(0-14) 得：

$$a = 2.66$$
$$b = 0.422$$
$$y = 2.66 + 0.422x$$

求出方程式后，最好选择一两个数据代入公式，加以核对验证。若相距太远，还可改变方程的形式或增加常数，重新求更准确的方程式。

四、物理化学实验中的安全防护

（一）安全用电知识

1. 关于触电

人体通过 1mA 50Hz 的交流电就有感觉，10mA 以上使肌肉强烈收缩，25mA 以上则呼吸困难，甚至停止呼吸，100mA 以上则使心脏的心室产生纤维性颤动、以致无法救活。直流电在通过同样电流的情况下，对人体也有相似的危害。

防止触电需注意以下几点。

① 操作电器时，手必须干燥。因为手潮湿时，电阻显著降低，容易引起触电。不得直接接触绝缘不好的通电设备。

② 一切电源裸露部分都应有绝缘装置（电开关应有绝缘匣，电线接头裹以胶布，胶管），所有电器设备的金属外壳应接上地线。

③ 已损坏的接头或绝缘不良的电线应及时更换。

④ 修理或安装电器设备时，必须先切断电源。

⑤ 不能用试电笔去试高电压。

⑥ 如果遇到有人触电，应首先切断电源，然后进行抢救。因此，应清楚了解电源总闸在什么地方。

2. 电荷及短路

物理化学实验室内一般允许最大电流为30A，超过时就会使保险丝熔断。一般实验台上电源的最大允许电流为15A。使用功率很大的仪器，应该事先计算电流量。应严格按照规定接保险丝，否则长期使用超过规定负荷的电流时，容易引起火灾或其他严重事故。

接保险丝时，应先拉开电闸，不能在带电时进行操作。为防止短路，避免导线间的摩擦，尽可能不使电线、电器受到水淋或浸在导电的液体中。比如，实验室中常用的加热器如电热炉或电灯泡的接口不能浸在水中。

若室内有大量的氢气、煤气等易燃易爆气体时，应防止产生电火花，否则会引起火灾或爆炸。电火花经常在电器接触点接触不良、继电器工作时以及开关电闸时发生，应注意室内通风；电线接头要接触好，包扎牢固以消除电火花，在继电器上可以连一个电容器以减弱电火花等。万一着火则应首先拉开电闸，切断电路，再用一般方法灭火。如无法拉开电闸，则用沙土或CO_2灭火，决不能用水或泡沫灭火器来灭火，因为它们导电。

3. 使用电器仪表

① 注意仪器设备所要求使用的电源是交流电还是直流电，三相电还是单相电，电压的大小（380V、220V、110V、6V等），功率是否合适以及正负接头等。

② 注意仪表的量程。待测量必须与仪器的量程相适应，若待测量大小不清楚时，必须先从仪器的最大量程开始。例如某安培计的量程为7.5～3～1.5mA，应先接在7.5mA接头上，若灵敏度不够，可逐次降到3mA或1.5mA。

③ 线路安装完毕应检查无误。正式实验前不论对安装是否有充分把握（包括仪器量程是否合适），总是先使线路接通一瞬间，依据仪表指针摆动速度及方向加以判断，当确定无误后，才能正式进行实验。

4. 不进行测量时应断开线路或关闭电源，做到即省电又能延长仪器寿命。

（二）使用化学药品的安全防护

1. 防毒

大多数化学药品都具有不同程度的毒性。毒物可以通过呼吸道、消化道和皮肤进入人体内。因此防毒的关键是要尽量地杜绝和减少毒物进入人体的途径。

① 实验前应了解所用药品的毒性、性能和防护措施。

② 操作有毒气体（如H_2S、Cl_2、Br_2、NO_2、浓盐酸、氢氟酸等）应在通风橱中进行。

③ 防止煤气管、煤气灯漏气，使用完煤气后一定要把煤气闸门关好。

④ 苯、四氯化碳、乙醚、硝基苯等蒸气会引起中毒，虽然它们都有特殊气味，但经常久吸后会使人嗅觉减弱，必须高度警惕。

⑤ 用移液管移取有毒、有腐蚀性液体时（如苯、洗液等），严禁用嘴吸。

⑥ 有些药品（如苯、有机溶剂、汞）能穿过皮肤进入人体内，应避免直接与皮肤接触。

⑦ 高汞盐［$HgCl_2$、$Hg(NO_3)_2$等］、可溶性钡盐（$BaCO_3$、$BaCl_2$）、重金属盐（镉盐、铅盐）以及氰化物、三氧化二砷等剧毒物质，应妥善保管。

⑧ 不得在实验室内喝水、抽烟、吃东西。饮食用具不得带到实验室内，以防毒物沾染。

离开实验室时要洗手。

2. 防爆

可燃性气体和空气的混合物，当两者的比例处于爆炸极限时，如果有一个适当的热源诱发，将引起爆炸。

与空气相混合的某些气体的爆炸极限（20℃，1 个大气压下）见表 0-4。

表 0-4　与空气混合的某些气体的爆炸极限

气　体	爆炸高限 （体积分数）/%	爆炸低限 （体积分数）/%	气　体	爆炸高限 （体积分数）/%	爆炸低限 （体积分数）/%
氢	74.2	4.0	醋酸	—	4.1
乙烯	28.6	2.8	乙酸乙酯	11.4	2.2
乙炔	80.0	2.5	一氧化碳	74.2	12.5
苯	6.8	1.4	水煤气	72	7.0
乙醇	19.0	3.3	煤气	32	5.3
乙醚	36.5	1.9	氨	27.0	15.5
丙酮	12.8	2.6			

因此应尽量防止可燃性气体散失到空气中。同时保持室内良好的通风，不使它们形成爆炸的混合气。在操作大量可燃性气体时，应严禁使用明火，严禁用可能产生电火花的电器以及铁器撞击产生火花等。

另外，有些化学药品如叠氮铅、乙炔银、乙炔铜、高氯酸盐、过氧化物等受到震动或受热容易引起爆炸。应特别防止强氧化剂与还原剂放在一起。久藏的乙醚使用前需设法除去其中可能产生的过氧化物。在操作可能发生爆炸的实验时，应有防爆措施。

3. 防火

物质燃烧需具三个条件，可燃物质、氧气或氧化剂以及一定的温度。

许多有机溶剂，像乙醚、丙酮、乙醇、苯、二硫化碳等很容易引起燃烧。使用这类有机溶剂时室内不应有明火（以及电火花、静电放电等）。这类药品实验室不能存放过多，用后要及时回收处理，切不要倒入下水道，以免积聚引起火灾。还有些物质能引起自燃。如黄磷在空气中就能因氧化发生自行升温燃烧起来。一些金属如铁、锌、铝等的粉末由于比表面积太大，能激烈地进行氧化、自行燃烧。金属钠、钾、电石以及金属的氢化物、烷基化合物等也应注意存放和使用。

万一着火应冷静判断情况采取措施。可以采取隔绝氧的供应，降低燃烧物质的温度，将燃烧物质与火焰隔离的办法。常用来灭火的有水、砂以及 CO_2 灭火器、CCl_4 灭火器、泡沫灭火器、干粉灭火器等。可根据起火原因、场所情况选用。

水是最常用的灭火物质，可以降低燃烧物质的温度，并形成"水蒸气幕"，能在相当时间内阻止空气接近燃烧物质。但是，应注意起火地点的具体情况。

① 有金属钠、钾、镁、铝粉、电石、过氧化钠等应采用干砂灭火。

② 对易燃液体（密度比水轻）如汽油、苯、丙酮等的着火应用泡沫灭火剂更有效，因为泡沫比易燃液体轻，覆盖上面隔绝空气。

③ 在有灼烧的金属或熔融物的地方着火应采用干砂或固体粉末灭火器（一般是在碳酸氢钠中加入相当于碳酸氢钠质量的 45%～90% 的细砂、硅藻土或滑石粉，也有其他配方）

来灭火。

④ 电气设备或带电系统着火，用二氧化碳灭火器或四氯化碳较合适。

上述四种情况，均不能用水，因为有的可以生成氢气等使火势加大甚至引起爆炸，有的会发生触电等。同时也不能用四氯化碳灭碱土金属的着火。另外，四氯化碳有毒，在室内救火时最好不用。灭火时不能惊慌，应防止在灭火过程中再打碎可燃物的容器。平时应知道各种灭火器材的使用和存放地点。

4. 防灼烧

强酸、强碱、强氧化剂、溴、磷、钠、钾、苯酚、冰醋酸等都会腐蚀皮肤，尤其应防止它们溅入眼睛内。液氮等低温也会严重灼烧皮肤，万一受伤要及时医治。

5. 防水

有时因故停水而水龙头没有关闭，当来水后若实验室没有人，又遇到排水不畅，则会发生事故，淋湿甚至浸泡仪器设备，有些试剂如金属钠、钾、金属氢化物、电石等遇水还会燃烧、爆炸等。因此，离开实验室前应检查水、电、煤气开关是否关好。

（三）汞的安全使用和汞的纯化

在常温下，汞溢出蒸气，吸入体内会使人受到严重毒害。一般汞中毒可分急性与慢性两种。急性中毒多由高汞盐入口而得（如吞入 $HgCl_2$），一般 $0.1 \sim 0.3g$ 则可致死；由汞蒸气而引起的慢性中毒，其症状为食欲不振、恶心、大便秘结、贫血、骨骼和关节疼痛、神经系统衰弱。引起以上症状的原因，可能由于汞离子与蛋白质起作用，生成不溶物，因而妨害生理机能。

汞蒸气的最大安全浓度为 $0.1mg/m^3$。而 $20℃$ 时，汞的饱和蒸气压为 $0.0012mmHg$（$1mmHg = 133.32Pa$），比安全浓度大 100 多倍。若在一个不通气的房间内，而汞又直接暴露于空气时，就有可能使空气中汞蒸气超过安全浓度。所以必须严格遵守下列安全使用汞的操作规定。

1. 安全用汞的操作规定

① 汞不能直接暴露于空气之中，在装有汞的容器中应在汞面上加水或其他液体覆盖，并用塞子塞好。

② 一切倒汞操作，不论量多少一律在浅瓷盘上进行（盘中装水）。在倾去汞上的水时，应先在瓷盘上把水倒入烧杯，而后再把水由烧杯倒入水槽。

③ 装汞的仪器下面一律放置浅瓷盘，使得在操作过程中偶然洒出的汞滴不致散落桌面或地面。

④ 实验操作前应检查仪器安放处或仪器连接处是否牢固，橡皮管或塑料管的连接处一律用铜线缚牢，以免在实验过程中脱落时汞流出。

⑤ 倾倒汞时一定要缓慢，不要用超过 250mL 的大烧杯盛汞，以免倾倒时溅出。

⑥ 贮存汞的容器必须是结实的厚壁玻璃器皿或瓷器，以免由于汞本身的重量而使容器破裂。如用烧杯盛装汞不得超过 30mL。

⑦ 若万一有汞掉在地面上、桌上或水槽等地方，应尽可能地用吸管将汞珠收集起来，再用能成汞齐的金属片（如 Zn、Cu）在汞溅落处多次扫过。最后用硫黄粉覆盖在有汞溅落的地方，并摩擦，使汞变为 HgS，亦可用 $KMnO_4$ 溶液使汞氧化。

⑧ 擦过汞齐或汞的滤纸或布块必须放在有水的瓷器内。

⑨ 装有汞的仪器应避免受热，汞应放在远离热源之处。严禁将有汞的器皿放入烘箱。

⑩ 用汞的实验室应有良好的通风设备，并最好与其他实验室分开，经常通风排气。

⑪ 手上有伤口，切勿触及汞。

2. 汞的纯化

汞中的杂质有两类：一类是外部沾污，如附有盐类或某些悬浮脏物，可多次水洗或用滤纸刺一个小孔过滤分开；另一类杂质是汞和其他金属形成合金，如做极谱实验时金属离子在滴汞阴极上还原成金属，并与汞生成合金，这类杂质可先用硝酸溶液氧化除去。将汞装入带有毛细管的漏斗中，汞即通过毛细管分散成细小的汞滴慢慢地洒落在10%的硝酸水溶液中，由上而下充分和溶液接触，将容易氧化的金属（Zn、Na）氧化成离子溶在溶液中，而较纯的汞则汇聚底部。一次不够，可反复几次。对汞中溶有重金属（如 Cu、Pb 等）不能用HNO_3溶液洗去时，可利用商品汞蒸馏器通过蒸馏提纯。在蒸馏时要严格防止汞蒸气外溢，应在严密的通风橱中进行。

汞在稀硫酸溶液中阳极电解，也可以有效地除去轻金属，电解时轻金属溶解到硫酸溶液中。当轻金属快溶完时，汞发生溶解，则溶液产生浑浊，此时降低电流继续电解片刻。此法对汞中含有大量轻金属时特别有利。

（四）X 射线的防护

X 射线被人体组织吸收后，对人体健康是有害的。一般晶体 X 射线衍射分析用的软 X 射线（波长较长，穿透能力较低）比医院透视用的硬 X 射线（波长较短，穿透力较强）对人体组织伤害更大。轻的造成局部组织灼伤，如果长时间接触，重的可造成白细胞下降，毛发脱落，发生严重的射线病。但若采取适当的防护措施，上述危害是可以防止的。

最基本的一条是防止身体各部位（特别是头部）受到 X 射线照射，尤其是受到 X 射线的直接照射。因此要注意 X 射线管窗口附近用铅皮（厚度在 1mm 以上）挡好，使 X 射线尽量限制在一个局部小范围内，不让它散射到整个房间。在进行操作（尤其是对光）时，应戴上防护用具（特别是铅玻璃眼镜）。操作人员站的位置应避免直接照射。操作完后，用铅屏把人体与 X 射线机隔开；暂时不工作时，应关好窗口。非必要时，人员应尽量离开 X 射线实验室。室内应保持良好通风，以减少由于高电压和 X 射线电离作用产生的有害气体对人体的影响。

（五）高压气瓶使用注意事项

气体钢瓶是由无缝碳素钢或合金钢制成，适用于装介质压力在 150atm（1atm＝101325Pa）以下的气体。标准气瓶类型见表 0-5。

表 0-5　标准气瓶类型

气瓶	用　途	工作压力/×0.1MPa	实验压力/×0.1MPa	
			水实验	气压实验
甲	装 O_2、H_2、N_2、CH_4、压缩空气和惰性气体等	150	225	150
乙	装纯净水煤气及 CO_2 等	125	190	150
丙	装 NH_3、氯气、光气和异丁烯等	30	60	30
丁	装 SO_2 等	6	12	6

使用气体钢瓶的主要危险是气体钢瓶可能发生爆炸和漏气（这对可燃气体就更危险）。已充气的气体钢瓶爆炸的主要因素是气体受热而使内部气体膨胀，压力超过气体钢瓶的最大负荷而爆炸。或者瓶颈螺纹损坏，当内部压力升高时，冲脱瓶颈。在这种情况下，气体钢瓶

按火箭作用原理向放出气体的相反方向运动。因此，可造成很大的破坏和伤亡。另外，如果气体钢瓶金属材料不佳或受到腐蚀时，一旦在气体钢瓶坠落或撞击坚硬物时就会发生爆裂。钢瓶（或其他受压容器）存在着危险，使用时需注意以下几点。

① 气瓶应放在阴凉、干燥、远离热源（如阳光，暖气，炉火等）处。

② 搬运气瓶时要轻稳，要把瓶帽旋紧。放置使用时必须牢靠，固定好。

③ 使用时要用气表（CO_2、NH_3 可例外），一般可燃性气体的钢瓶气门螺纹是反扣的（如 H_2、C_2H_2）。不燃性气体的钢瓶是正扣（如 N_2、O_2）。各种气压表一般不得混用。

④ 绝不可使油或其他易燃性有机物沾染在气瓶上（特别是出口和气压表）。也不可用麻、棉等物堵漏，以防发生事故。

⑤ 开启气门时应站在气压表的另一侧，不许把头或身体对准气瓶总阀门，以防阀门或气压表冲出伤人。

⑥ 不可把气瓶内气体用尽，以防重新灌气时发生危险。

⑦ 使用时注意各瓶上颜色及标字，避免混淆。中国气瓶常用标记见表 0-6。

表 0-6　中国气瓶常用标记

气 体 类 别	瓶 身 颜 色	标 字 颜 色
氮气	黑色	黄色
氧气	天蓝色	黑色
氢气	深绿色	红色
空气	黑色	白色
氨气	黄色	黑色
二氧化碳	黑色	黄色
其他一切可燃气体	红色	白色
其他一切不可燃气体	黑色	黄色

使用期间的气瓶每隔三年至少要进行一次检查。用来装腐蚀气体的气瓶每两年至少要检查一次。不合格的气瓶应报废或降级使用。

⑧ 氢气瓶最好放在远离实验室的小屋内，用导管引入（千万要防止漏气）。并应加防止回火的装置。

实验一　燃烧热的测定

一、目的要求

1. 掌握氧弹式量热计的原理、构造及使用方法。
2. 了解计算机氧弹式量热计系统对燃烧热测定的应用。

二、实验原理

燃烧热是指 1mol 物质等温、等压下完全燃烧时的焓变，是热化学中重要的基本数据。本实验采用的氧弹式量热计是一种恒温夹套式量热计，在热化学、生物化学以及工业部门中用得很多。它测定的是恒容燃烧热。

对于有固定化学组成的纯化学试剂：①固体样品，如萘、硫；②液体样品如乙醇、环己烷，可以准确写出它们的化学反应方程式，通过下列关系式求出常用的恒压燃烧热，最终得到它们的反应焓变 $\Delta_c H_m^\ominus$。

$$Q_{p,m} = Q_{V,m} + \sum \nu_{B(g)} RT \tag{1-1}$$

对于化学组成不固定的物质，其化学组分相同，但化学组成不一样，例如甘蔗由于压榨的工艺不同，虽然都是甘蔗渣，但它们的含水量、糖分等可能不同；有的化学组成也不同，例如不同号的柴油，由于提炼分馏时的温度不同，不但它们的化学成分不同，化学组成也不同，对这类物质只能测定恒容燃烧热，并且只能在具体的物质间进行比较，反过来研究工艺等类的问题，这类燃烧热的结果，在实践中经常用到，也是一种研究工作的方法之一。

测量燃烧热的原理是能量守恒定律，一定量待测物质在氧弹中完全燃烧，放出的热量使量热计本身及氧弹周围介质（本实验用水）温度升高，测量介质燃烧前后温度的变化值 ΔT，就可以算出样品的恒容燃烧热 $Q_{V,m}$。

$$-(m/M)Q_{V,m} = (V\rho C_水 + C_卡)\Delta T - 2.9l \tag{1-2}$$

式中　m——样品的质量，g；

　　　M——待测物质的摩尔质量；

　$Q_{V,m}$——待测物质的恒容摩尔燃烧热，J/mol；

　　　V——测定时倒入内桶中水的体积，mL；

　　　ρ——水的密度，g/mL；

　$C_水$——水的比热容，J/(g·℃)；

　　　l——点火铁丝实际消耗长度（其燃烧值为 2.9J/cm）；

　$C_卡$——量热计的热容，表示量热计本身温度每升高 1℃所需吸收的热量，可用已知燃烧热的标准物质来标定。

如苯甲酸，它的恒容摩尔燃烧热 $Q_{V,m} = -26460$J/g。

本实验的关键首先是样品必须完全燃烧，所以氧弹中需充高压氧气。其次必须使燃烧尽可能在接近绝热的条件下进行。但是系统与周围环境发生热交换仍无法完全避免，因此燃烧前后温度的变化值不能直接测量准确，必须经过雷诺作图法校正，方法如下。

称适量待测物质，使燃烧后量热计的水温升高 1.5～2.0℃，预先调节水温低于环境约 1.0℃。将燃烧前后历次观察的水温对时间作图，连成 $FHDG$ 线，如图 1-1 所示。图中 H 点相当于开始燃烧的点，D 点为观察到的最高的温度读数点，J 为外桶温度读数点，经过 J 点作平行线 JI 交折线于 I 点，过 I 点作垂直线，与 FH 线和 DG 线的延长线交于 A、C 两点，则 A 点与 C 点所表示的温差即为所求温度的升高值。图中 AA' 表示由于环境辐射和搅拌引进的热量而造成量热计温度的升高，必须扣除，CC' 表示由于量热计向环境辐射出热量而造成量热计温度的降低，因此需添加上。经过这样校正后，A、C 两点的温差较客观地表示了由于样品燃烧使量热计温度升高的数值。有时量热计的绝热情况良好，热漏小，而搅拌器功率较大，往往不断引进少量热量，使燃烧后的最高点不出现（图 1-2），这种情况下仍然可以按照同法校正。

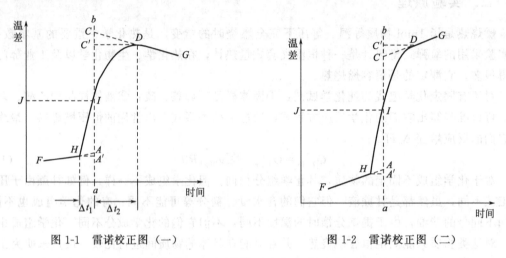

图 1-1　雷诺校正图（一）　　　　　图 1-2　雷诺校正图（二）

充气示意如图 1-3 所示。氧弹式量热计如图 1-4 所示。氧弹的构造如图 1-5 所示。

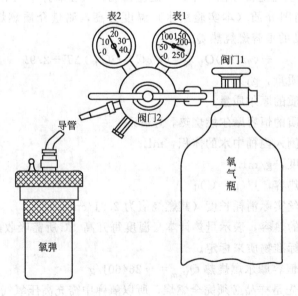

图 1-3　充气示意

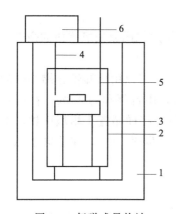

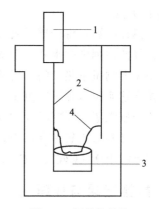

图 1-4　氧弹式量热计　　　　　　　图 1-5　氧弹的构造
1—外桶；2—内桶；3—氧弹；4—搅拌器；　　　1—进出气口；2—电极；3—坩埚；4—铁丝
5—传感器；6—控制器

三、仪器和试剂

氧弹式量热计 1 台；精密温度温差仪 1 台；压片机 1 台；铁丝；充氧器 1 台；苯甲酸（A.R.）；萘（A.R.）或无水乙醇（A.R.）。

四、实验步骤

1. 准备氧弹

把氧弹的弹头放在弹头架上，然后将一段约 10cm 长的铁丝两端固定在弹头中两根电极上，注意铁丝不能与坩埚壁相碰。用移液管取 1mL 乙醇放入坩埚中，保证铁丝能与乙醇接触。把弹头放入氧弹套筒内，拧紧弹盖。将氧弹置于充氧器底座上，使其进气口对准充氧器的出气口，按下充氧器手柄。打开氧气瓶阀门，顺时针旋（即打开）减压阀，使表压达 10kgf/cm² 以上，充氧 120s 后逆时针旋（即关闭）减压阀，拉起充氧器手柄，然后将氧弹放入量热计内桶中，注意不要与搅拌器相碰。

2. 准备内桶水温

打开精密温度温差仪电源，将传感器插入外桶中，读取外桶水温值。接着将传感器插入含自来水 3500mL 的塑料大量杯中，用冰块降温，调节水温低于外桶水温 0.5～1.0℃（最佳 0.8℃）。用容量瓶准确取 3000mL 已调节好的自来水注入内桶。将氧弹放入内桶，水淹没氧弹。将电极插头插在氧弹两电极上，盖上量热计盖子，将传感器插入内桶水中，打开量热计电源，开启搅拌开关，进行搅拌。

3. 采零锁定

待水温基本稳定后，将温差仪"采零"并"锁定"，此时内桶作为温差的零点。

4. 记录数据

① 每隔 30s 采集一次内桶温差数据，持续 5min。

② 按"点火"按钮（在①完成之前不可触动点火按钮），可多次重按。若点火成功，可观察到温差很快上升。

③ 按点火钮后，每隔 15s 采集一次温差数据，再持续采集 20min，然后停止。

④ 将传感器放入外桶，测量外桶温差值（即雷诺校正图的 J 点）和温度。

5. 停止实验

关闭量热计电源，将传感器放入外桶，取出氧弹，用放气阀放出氧弹内的余气，旋开氧弹盖查看。倒掉内桶中的水并擦干待下次用。

实验中需要测量量热计的水当量，即（$V\rho C_水 + C_卡$），可以用已知恒容燃烧热的苯甲酸为样品，按上述实验步骤进行测量。苯甲酸等固体样品，用台秤称约 1.0g，在压片机中压成片状（不能压太紧），将此样品在电子天平上准确称量。将样品置于坩埚中铁丝上，保证两者接触。把弹头放入氧弹套筒内，拧紧弹盖。重复实验步骤 1～4，在获取了 ΔT 后，可以通过式(1-2) 计算（$V\rho C_水 + C_卡$）。

五、数据记录与处理

1. 记录数据。外桶水温：_____℃，外桶温差值：_____℃。

表 1　样品燃烧过程的温度变化

前期(30s/次)		主期(点火后,15s/次)				后期(30s/次)	
时间/min:s	温差/℃	时间/min:s	温差/℃	时间/min:s	温差/℃	时间/min:s	温差/℃

2. 按图 1-1 的方式作温度-时间图，并计算出温差值 ΔT。

3. 根据式(1-2) 计算样品的恒容摩尔燃烧热 $Q_{V,m}$。

4. 根据式(1-1) 计算样品的恒压摩尔燃烧热 $Q_{p,m}$，并与文献值比较。

六、思考题

1. 内桶中加入的水，为什么要准确量取其体积？

2. 用氧弹量热计测量燃烧热的装置中哪些是系统，哪些是环境？系统和环境之间通过哪些可能的途径进行热交换？

3. 为什么温度读数是读取温差值，而不是直接读取测量温度？

七、学生设计实验参考

1. 不同产地煤燃烧值的比较分析。

2. 不同号的燃油燃烧值的分析比较。

3. 不同含水量的乳化柴油燃烧值的比较。

4. 可任意自选其他系统进行测量和研究。

实验二　液体饱和蒸气压的测定

一、目的要求

1. 明确液体饱和蒸气压的定义及气液平衡的概念，了解纯液体饱和蒸气压与温度的关系——克劳修斯-克拉贝龙方程。

2. 用纯液体饱和蒸气压测定装置测定不同温度乙醇的饱和蒸气压，并求其平均摩尔汽化热和正常沸点。

3. 熟悉和掌握气压计的使用方法。

二、实验原理

在一定温度下，纯液体与其气相达成平衡时的压力，称为该温度下液体的饱和蒸气压。饱和蒸气压与温度的关系可用克劳修斯-克拉贝龙方程来表示。

$$\frac{\mathrm{d}\ln p}{\mathrm{d}T} = \frac{\Delta_\mathrm{v}H_\mathrm{m}}{RT^2} \tag{2-1}$$

式中　$\Delta_\mathrm{v}H_\mathrm{m}$——在温度 T 时纯液体的摩尔汽化热；

　　　R——气体常数；

　　　T——热力学温度。

在一定的温度变化范围内，ΔH_v 可视为常数，可当作平均摩尔汽化热。将式(2-1)积分得：

$$\ln p = \frac{-\Delta_\mathrm{v}H_\mathrm{m}}{RT} + C'$$

$$或\ \lg p = \frac{-\Delta_\mathrm{v}H_\mathrm{m}}{2.303RT} + C = -\frac{A}{T} + C \tag{2-2}$$

式中，C' 和 C 为积分常数。

由式(2-2)可知，$\lg p$ 与 $1/T$ 是直线关系，直线的斜率：$A = \Delta_\mathrm{v}H_\mathrm{m}/(2.303R)$，因此可求出 ΔH_v。测定饱和蒸气压的方法主要有以下三种。

① 饱和蒸气压法　在一定的温度和压力下，把干燥气体缓慢地通过被测液体，使气流为该液体的蒸气所饱和。然后可用某物质将气流吸收，知道了一定体积的气流中蒸气的质量，便可计算蒸气的分压，这个分压就是该温度下被测液体的饱和蒸气压。此法一般适用于蒸气压比较小的液体。

② 静态法　在某一温度下，直接测量饱和蒸气压，此法适用于蒸气压比较大的液体。

③ 动态法　在不同外界压力下测定液体的沸点。

本实验用静态法测定乙醇在不同温度下的饱和蒸气压。所用的仪器是纯液体蒸气压测定装置，如图 2-1 所示。平衡管上焊接一个冷凝管，用橡皮管与压力计相连，压力计与减压系统相连接。A 球内装待测液体，当 A 球的液体面上是纯待测液体的蒸气，而 B 管与 C 管的

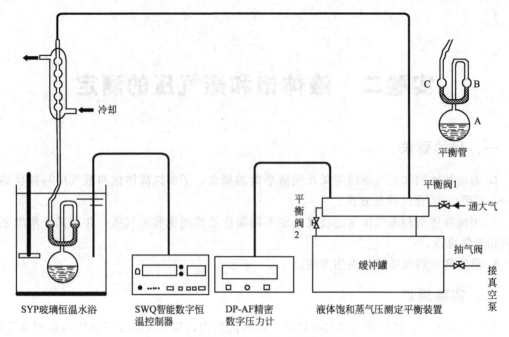

图 2-1　液体饱和蒸气压测定装置（静态法）

液面处于同一水平时，则表示 B 管液面上的蒸气压（即 A 球面上的蒸气压）与加在 C 管液面上的外压相等。此时，体系气液两相平衡的温度称为液体在此外压下的沸点。用当时的大气压减去压力计的压力，即为该温度下液体的饱和蒸气压。当外压是 1atm（1atm＝101325Pa）时的温度，叫做液体的正常沸点。

三、仪器和试剂

纯液体蒸气压测定装置一套；抽气泵（公用）；DP-A 精密数字气压计；无水乙醇（A. R.）。

四、实验步骤

1. 系统漏气检查

打开连通大气的"平衡阀 1"，开启压力计并按"采零"、单位为"kPa"，打开真空泵，关闭连通大气的平衡阀 1，连通抽气阀和平衡阀 2，抽气，使系统减压。至压力计读数约为 －75kPa 时，关闭抽气阀和平衡阀 2。如果在 1min 内，压力计显示压力基本不变，则表明系统不漏气；若有明显变化，则说明漏气，应仔细检查各接口处直至不漏气为止。

2. 不同温度下乙醇饱和蒸气压的测定

打开恒温水浴的搅拌、加热开关。打开恒温控制器开关，设定"回差"为 0.1，将智能恒温控制器设定到 50℃，接通冷却水。打开真空泵、抽气阀和平衡阀 2，使系统减压，可观察到有气泡自平衡管 C 管逸出，气泡逸出的速度以一个一个地逸出为宜，不能成串地逸出，当气泡逸出速度太快时，可微打开平衡阀 1，缓缓放入空气调节。保持如此沸腾状态约 2min。待温度恒定后，打开连通大气的平衡阀 1（切不可太快，以免空气倒灌入球。如果发生空气倒灌，则打开平衡阀 2 抽气），当 C 管与 B 管中两液面趋于水平时，将平衡阀 1 关闭，同时读取压力计读数。自 50℃ 起液体温度每升高 5℃ 测定一次，共测 5 个点。在升温过程中，应注意调节使气泡逸出的速度以一个一个地逸出为宜（饱和蒸气压＝大气压－｜压力计读数｜）。

实验完毕，打开平衡阀1，使系统恢复至大气压。关闭冷却水。

五、数据处理和结果

被测液：_____；室温：_____℃；大气压：_____。

温度			压力计读数	乙醇饱和蒸气压	
$t/℃$	T/K	$1/T/K^{-1}$	$\Delta p/kPa$	p/kPa	$\lg p$

（1）由表格中数据绘出蒸气压 p 对温度 T 的曲线（p-T 图）。

（2）绘出 $\lg p$-$1/T$ 的直线图，求出此直线斜率，由斜率算出乙醇在此温度间隔中的平均摩尔汽化热 $\Delta_v H_m$ 和乙醇的正常沸点。

（3）以上数据采用计算机进行处理，并打印图形、结果和相关系数。

六、思考题

（1）说明饱和蒸气压、正常沸点和沸腾温度的含义。本实验用什么方法测定乙醇的饱和蒸气压？

（2）何时读取压力计的读数？所取读数是否就是乙醇的饱和蒸气压？

附1：实验操作

1. 打开电源开关。

2. 开启搅拌开关，搅拌器调至慢挡。

3. 开启加热开关，加热器先调至"强"位置，但当温度接近所设温度前 2～3℃时将加热器置于"弱"挡位置，以减缓升温速度，使温度上升平稳，避免温度过冲，以达到理想的控温效果。

4. 打开 SWQ 控温器电源开关，调节控温器上的各功能。

5. 关机：首先关闭 SWQ 智能数字恒温控制器电源，然后关闭加热器和搅拌器的电源开关。

附2：SWQ 智能数字恒温控制器使用方法

1. 开电源开关。按"回差"键，回差将依次显示为：0.5、0.4、0.3、0.2、0.1。选择所需的回差值即可。

2. 设置恒温温度。按"▼"、"▲"各键，依次调整设定温度的数值至所需温度值，设置完毕转换到工作状态（"工作"指示灯亮）。

3. 仪器工作状态：当介质温度≤设定温度－回差，加热器处于加热状态。当介质温度

≤设定温度，加热器处于停止加热状态。

4. 当系统温度达到"设定温度"值时，工作指示灯自动转换到恒温态。

5. 按下"复位"键，仪器返回开机时的初始状态，此时可重复进行步骤 1 和 2 的操作。

附 3：DP-AF 精密数字压力计使用说明

1. "单位"键：接通电源，初始状态 KPa 指示灯亮，LED 显示为计量单位的压力值；按一下"单位键"，mmHg 指示灯亮，LED 显示以"mmHg"为计量单位的压力值。

2. "采零"键：在测试前必须按一下"采零"键，使仪表自动扣除传感器零压力值，LED 显示为"0000"，保证测试时显示值为被测介质的实际压力值。

3. "复位"键：按下此键，可重新启动 CPU，仪表即可返回初始状态。一般用于死机时，在正常测试中，不应按此键。

4. 关机：先将被测系统泄压后，再关掉电源开关。

实验三 凝固点降低法测定分子量

一、目的要求

1. 掌握溶液凝固点的测定技术。
2. 掌握贝克曼温度计的使用方法。
3. 用凝固点降低法测定物质的分子量。

二、实验原理

稀溶液具有依数性，凝固点降低是依数性的一种表现。由于溶质在溶液中有离解、缔合、溶剂化和络合物生成等情况，这些均影响溶质在溶剂中的表观分子量。因此凝固点降低法不仅是一种简单而较正确的测定分子量的方法，还可用来研究溶液的一些性质。

非电解质稀溶液的凝固点降低值（对析出物为固相纯溶剂的体系）与溶液组成的关系式为：

$$\Delta T_f = T_0 - T = K_f b_B \tag{3-1}$$

式中 ΔT_f——溶液凝固点降低值；

T_0——纯溶剂的凝固点；

T——溶液的凝固点；

b_B——稀溶液的质量摩尔浓度；

K_f——凝固点降低常数，它是溶剂的特性常数，与溶质的性质无关。

若已知某种溶剂的凝固点降低常数 K_f，并测得溶剂和溶质的质量分别为 m_A、m_B 的稀溶液的凝固点降低值 ΔT_f，则可通过下式计算溶质的摩尔质量 M_B。

$$M_B = \frac{K_f m_B}{\Delta T_f m_A} \tag{3-2}$$

式中，K_f 的单位为 $(K \cdot kg)/mol$。

纯溶剂的凝固点为其液相和固相共存的平衡温度。若将液态的纯溶剂逐步冷却，在未凝固前温度将随时间均匀下降，开始凝固后因放出凝固热而补偿了热损失，体系将保持液-固两相共存的平衡温度而不变，直至全部凝固，温度再继续下降。其冷却曲线如图 3-1 中 1 所示。但实际过程中，当液体温度达到或稍低于其凝固点时，晶体并不析出，这就是所谓的过冷现象。此时若加以搅拌或加入晶种，促使晶核产生，则大量晶体会迅速形成，并放出凝固热，使体系温度迅速回升到稳定的平衡温度；待液体全部凝固后温度再逐渐下降。冷却曲线如图 3-1 中 2 所示。

溶液的凝固点是该溶液与溶剂的固相共存的平衡温度，其冷却曲线与纯溶剂不同。当有溶剂凝固析出时，剩余溶液的浓度逐渐增大，因而溶液的凝固点也逐渐下降。因有凝固热放出，冷却曲线的斜率发生变化，即温度的下降速度变慢，如图 3-1 中 3 所示。本实验要测定已知浓度溶液的凝固点。如果溶液过冷程度不大，析出固体溶剂的量很少，对原始溶液浓度影响不大，则以过冷回升的最高温度作为该溶液的凝固点，如图 3-1 中 4 所示。

确定凝固点的另一种方法是外推法，如图 3-2 所示，首先记录绘制纯溶剂与溶液的冷却曲线，作曲线后面部分（已经有固体析出）的趋势线并延长，使其与曲线的前面部分相交，其交点就是凝固点。本实验采用外推法来求凝固点。

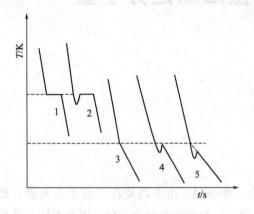

图 3-1　纯溶剂和溶液的冷却曲线

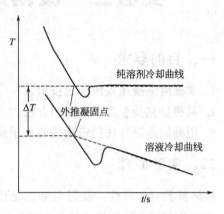

图 3-2　外推法求纯溶剂和溶液的凝固点

三、仪器和药品

SWC-LGe 自冷式凝固点测定仪；移液管 25mL；天平（0.0001g）；蒸馏水；尿素（A. R.）。

四、实验步骤

1. 打开制冷系统电源、制冷、循环开关，设定制冷温度为−7℃。

2. 取出样品管洗干净，将管子外面用纸擦干，用移液管准确移取 25mL 蒸馏水于样品管中，塞上样品管盖（带搅拌杆与传感器，调节传感器位于搅拌杆环中）。

3. 将样品管放入测定仪空气套管中，将横连杆穿过搅拌杆挂钩。打开凝固点测定仪电源开关并置搅拌开关于"慢"挡。

4. 当凝固点测定仪温度显示为约 2℃时，开始记录温差值，每隔 30s 记录一次，当温度值下降至约−0.5℃过冷温度时，则搅拌开关调为"快"挡，继续记录温差值数据。直到发现温差值回升后基本稳定不变时，再读取数据 3min 后停止读数，并停止搅拌。

5. 用称量纸在电子天平上称取约 0.3g 的尿素，准确记录质量数据。

6. 取出样品管，用手心捂住使管内冰晶完全融化即可，将称量纸卷成纸槽向样品管中投入尿素，盖上盖子适当摇晃待其完全溶解后，再按步骤 3、4 重复实验。

7. 实验完毕，清洗样品管，关闭电源，整理实验台。

五、数据处理

1. 根据温度（温差值）-时间数据表画出纯溶剂与溶液的冷却曲线（如图 3-2），并用外推法求出纯溶剂与溶液的凝固点。

2. 计算尿素的分子量，并与理论值比较计算相对误差。

六、学生设计实验参考

利用稀溶液的依数性原理配制不冻液。

七、思考与讨论

1. 在本实验装置中，哪些部分是体系，哪些部分是环境？
2. 根据什么原则考虑加入溶质的量，太多或太少有何影响？
3. 利用误差理论，分析影响实验结果的各种因素。

实验四　双液系的气液平衡相图

一、目的要求

1. 采用回流冷凝法测定不同浓度的乙醇-乙酸乙酯体系的沸点和气液两相平衡成分。
2. 绘制沸点-组成图。
3. 掌握阿贝折射仪的使用方法。

二、实验原理

在常温下，两液态物质以任意比例相互溶解所组成的体系，在恒定压力下表示溶液沸点与组成关系的相图称为沸点-组成图。完全互溶双液系恒定压力下的沸点-组成图可分为三类：①溶液沸点介于两纯组分沸点之间（图 4-1）；②溶液存在最低沸点（图 4-2）；③溶液存在最高沸点（图 4-3）。

对于②、③类溶液，有时称为具有恒沸点双液系，这两类溶液与第①类溶液的根本区别

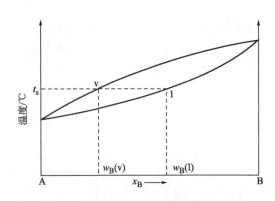

图 4-1　溶液沸点介于两纯组分沸点之间

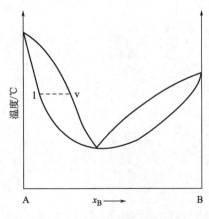

图 4-2　溶液存在最低沸点

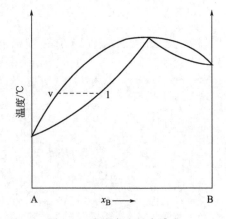

图 4-3　溶液存在最高沸点

是溶液在最低或最高沸点时气、液两相组成相同。因而也就不能像①类溶液那样通过反复蒸馏而使双液系的两组分完全分离。

对于②、③类溶液，简单的反复蒸馏只能获得某一纯组分和最低或最高沸点相应组成的混合物。要想获得两纯组分，还要采取其他方法协助解决。溶液的最低或最高沸点称为溶液的恒沸点，与此温度相应的组成称为恒沸组成。

为了绘制沸点-组成图，本实验利用回流及分析的方法测定不同组成溶液的沸点及气液组成，沸点数据可直接获得，气液组成则利用组成与折射率之间的关系，应用阿贝折射仪间接测得。即通过液体折射率的测定来确定其组成。

本实验用的沸点仪如图4-4所示，主要部分是一个带有回流冷凝管的长颈圆底烧瓶，冷凝管底部有一个球形小室D，用于收集冷凝下来的气相样品，液相样品则通过烧瓶上的支管抽取。本实验的关键是在实验设计上防止过热现象和分馏效应。在实验操作上，必须正确取得气相和液相样品，在取样及加样测定时，动作要迅速，防止药品的挥发及吸水。

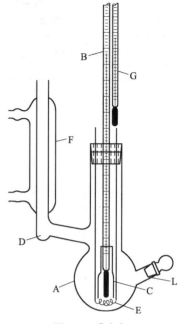

图4-4　沸点仪

A—圆底烧瓶；B，G—温度计；

C—电极；D—小球室；E—电热丝；

F—冷凝管；L—支管

三、仪器和试剂

沸点仪；阿贝折射仪；无水乙醇（A.R.）；调压变压器（0.5kV·A）1个；乙酸乙酯（A.R.）；超级恒温槽1台；温度计（50～100℃，1/10）1支；250mL烧杯1个；移液管（20mL两支，5mL两支）。

四、实验步骤

1. 开启恒温槽，调节至实验所需温度。

2. 乙醇-乙酸乙酯溶液的折射率-组成工作曲线的测定

对于乙醇-乙酸乙酯等部分有机液体混合体系，溶液组成（用乙酸乙酯的体积分数表示）与折射率基本成直线关系，故只要测定纯乙醇、纯乙酸乙酯的折射率，以乙酸乙酯的体积分数为横坐标，折射率为纵坐标，将两点连成直线，就得到折射率-组成工作曲线。

3. 样品的测定

（1）溶液的配制

分别依次加入表4-1中所列数量的乙醇、乙酸乙酯作沸点的测定及取样。

（2）沸点的测定

自支管L加入所要测定的溶液，打开冷凝水，接通电源，调节电压将液体缓慢加热，当液体沸腾后，且蒸气在冷凝管中回流，如此沸腾一段时间，使冷凝液不断淋洗小球室D中的液体，直到温度计上的读数稳定为止（一般达到平衡需沸腾7～10min），记录温度计的读数。

（3）取样

表4-1 实验加样及测温、测折射率及浓度记录表

大气压：_____；室温：_____（浓度：表示乙酸乙酯的体积分数）。

乙醇/mL	乙酸乙酯/mL	溶液沸点/℃	液相折射率			液相浓度/%	气相折射率			气相浓度/%
			1	2	平均值		1	2	平均值	
20	0					0				0
	1									
	2									
	2.5									
	4									
	5									
	6									
0	20					100				100
1										
2.5										
3.5										
4.0										

停止加热。用一支细长的干燥滴管，自冷凝管口伸入小球室 D，吸取其中全部冷凝液，放在事先准备好的干燥取样管中，立即盖好塞子。用另一支干燥滴管自支管 L 吸取 A 内的溶液约 1mL，放在另一支干燥取样管中，立即盖好塞子。在样品的转移过程中动作要迅速而仔细，并应尽早测定样品的折射率，不宜久藏。

（4）测定折射率

分别测定所取的气相与液相样品的折射率，每一样品加样两次，测两次折射率，取其平均值。每次加样前必须用擦镜纸吸去残留在镜面上的溶液。

五、数据处理

1. 按实验步骤 2 作出折射率-组成工作曲线。
2. 将气、液两相样品的折射率从工作曲线上查出相应的组成。
3. 作沸点-气液相组成图，从图中确定系统的恒沸点温度及恒沸混合物的组成。

六、思考题

1. 在测定时，有过热或分馏作用，将使所测相图图形产生什么变化？
2. 沸点仪中的小球室 D 体积过大或过小，对测量有何影响？
3. 按所得相图，讨论此溶液蒸馏时分离情况。

附：阿贝折射仪（图4-5）的使用方法

将被测液体用干净滴管加在折射棱镜表面，并将进光棱镜盖上，用锁紧手轮 10 锁紧，要求液层均匀，充满视场，无气泡。打开遮光板 3，合上反射镜 1，调节目镜视度，使十字线成像清晰，此时旋转折射率刻度调节手轮 15 并在目镜视场中找到明暗分界线的位置，再转色散调节手轮 6 使分界线不带任何彩色，微调折射率刻度调节手轮 15，使分界线位于十字线的中心，再适当旋转照明刻度盘聚光镜 12，此时目镜视场下方显示的示值即为被测液体的折射率。

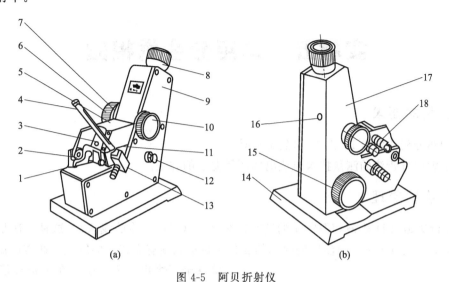

(a)   (b)

图 4-5 阿贝折射仪

1—反射镜；2—连接；3—遮光板；4—温度计；5—进光棱镜座；

6—色散调节手轮；7—色散值刻度圈；8—目镜；9—盖板；

10—锁紧手轮；11—折射棱镜座；12—照明刻度盘聚光镜；

13—温度计座；14—底座；15—折射率刻度调节手轮；

16—调节小孔；17—壳体；18—恒温器接头

实验五　二组分金属相图

一、目的要求

1. 用热分析法测绘 Bi-Cd 二元金属相图。
2. 了解热分析法的测量技术与热电偶测量温度的方法。

二、实验原理

热分析法是绘制固-液相图常用的基本方法之一（也叫步冷曲线法）。这种方法是通过观察体系在冷却（或加热）时温度随时间的变化关系来判断有无相变的发生。通常的做法是将

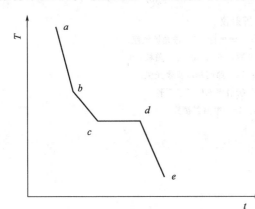

图 5-1　有最低共熔混合物的步冷曲线

体系全部熔化，然后让其在一定环境中自行冷却；并每隔一段时间（例如 0.5min 或 1min）记录一次温度，以温度（T）为纵坐标，时间（t）为横坐标，画出步冷曲线的 T-t 图。如图 5-1 所示是二组分金属体系的一种常见类型的步冷曲线。当体系均匀冷却时，如果体系不发生相变，则体系的温度随时间的变化将是均匀的，冷却也较快（如图中的 ab 线段）。若在冷却过程中发生了相变，由于在相变过程中伴随着热效应（相变热），所以体系随时间的变化速度将发生改变。体系的冷却速度减慢，步冷曲线就出现了转折（如图中 b 点所示）。当熔液继续冷却到某一点时（例如图中 c 点），由于此时熔液的组成已达到最低共熔混合物的组成，故有最低共熔混合物析出，在最低共熔混合物完全凝固以前，体系温度保持不变，因此步冷曲线出现平台（如图中 cd 段）。当熔液完全凝固后，温度才迅速下降（见图中的 de 段）。

由此可知，对组成一定的二组分低共熔混合物体系来说，可以根据它的步冷曲线，判断有固体析出时的温度和最低共熔点的温度。如果作出一系列组成不同的体系的步冷曲线，从中找出各转折点，即能画出二组分体系最简单的相图（温度-组成图）。如图 5-2 所示为 Bi-Cd 合金不同组成熔液的步冷曲线及对应的相图。

三、仪器和试剂

KWL-09 多头可控升降温电炉；热电偶 2 个（附工作曲线）；SWKY-Ⅰ数字控温仪 1 台；计算机 1 台（配以软件可实现金属相图曲线的自动绘制和打印）；纯铋（A.R.、熔点为 544.5K）、纯镉（A.R.、熔点为 594.1K）、配制含铋质量分数分别为 20%、40%、60%、80% 的 Bi-Cd 合金 150g；不锈钢试管 6 支；松香。

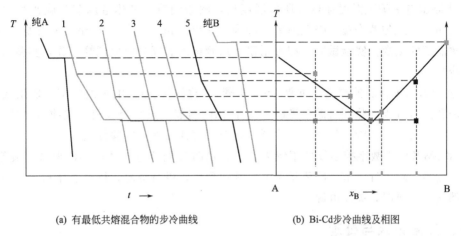

(a) 有最低共熔混合物的步冷曲线　　　　　(b) Bi-Cd步冷曲线及相图

图 5-2　Bi-Cd合金不同组成熔液的步冷曲线及对应的相图

1—纯 Bi；2—80％Bi；3—58％Bi；4—20％Bi；5—纯 Cd

四、实验步骤

1. 依次将纯铋、纯镉、含铋质量分数分别为 20％、40％、60％、80％的 Bi-Cd 合金等样品放入不锈钢试管中，再把试管分别放进如图 5-3 所示的实验试管摆放区。

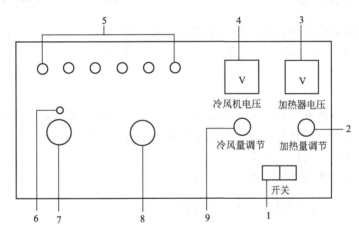

图 5-3　KWL-09 可控升降温电炉

1—电源开关；2—加热量调节旋钮（调节加热器的工作电压）；3—电压表（显示加热器电压值）；

4—电压表（显示冷风机的电压值）；5—实验试管摆放区；6—传感器插孔（控温传感器插孔）；

7—控温区电炉（加热熔解被测物质）；8—测试区电炉（对被测介质的温度进行调节）；

9—冷风量调节（调节冷风机的工作电压）

2. 按 SWKY-Ⅰ数字控温仪使用说明书的使用方法将控温仪与 KWL-09 可控升降温电炉进行连接。将"冷风量调节"逆时针旋转到底（最小），"加热量调节"逆时针旋转到底。

3. 将装有试剂的试管插入控温区电炉 7，温度传感器Ⅰ插入控温传感器插孔 6，温度传感器Ⅱ插入测试区电炉炉膛内。按 SWKY-Ⅰ使用说明设置控制温度、定时。

4. 当温度显示Ⅰ达到所设定的温度并稳定一段时间，试管内试剂完全熔化后，用钳子取出试管放入测试区电炉炉膛内并把温度传感器Ⅱ放入试管内。打开电炉电源开关，调节"加热量调节"旋钮进行加热直至所需温度。

5. 当测试电炉炉膛温度加热到所需温度后，耐心调节"加热量调节"旋钮和"冷风量调节"旋钮，使之匀速降温（降温速率一般为 5～8℃/min 为佳），记录实验数据，每 1min 记录一次温度的读数。实验做完，即可用钳子从测试区炉膛内取出试管，放入实验试管摆放区进行冷却。

6. 进行第二个样品的测定，重复 3～5 步骤；当再把控温区电炉内的试管取出放入测试区电炉炉膛内后（当加热到所需温度时，由于 PID 调节，温度会有稍许过冲），立即在控温区电炉内放入另一根试管，如此循环往复，直至所有样品测定实验做完。

7. 将 SWKY-Ⅰ 数字控温仪处于置数状态，逆时针调节电炉"加热器调节"旋钮到底，表头指示为零，顺时针调节"冷风量调节"旋钮到底，进行降温，待温度显示Ⅰ、温度显示Ⅱ显示都接近室温时，关闭电源。

五、数据记录与处理

1. 从步冷曲线上查出各合金的转折温度，以横坐标表示质量分数，纵坐标表示温度，绘出 Bi-Cd 二组分合金相图。

2. 在作出的相图上，用相律分析低共熔混合物、熔点曲线及各区域内的相数和自由度数。

六、综合性实验参考

1. 测定 Sn-Pb 合金相图；用纯锡、纯铅，以及含锡 80%、61.9%、40%的样品。

2. 用 KNO_3-$TiNO_3$ 体系，测定部分互溶的固溶体相图。

七、思考题

1. 通常认为，体系发生相变时的热效应很小，则热分析法很难获得准确的相图，为什么？在含 Bi20% 及 80%的两样品步冷曲线中的第一个转折点哪个明显？为什么？

2. 解释步冷曲线上的过冷现象。

3. 用加热曲线是否可以作相图？为什么？

附：SWKY-Ⅰ数字控温仪使用方法

1. 基本结构

SWKY-Ⅰ数字控温仪的基本结构如图 5-4 和图 5-5 所示。

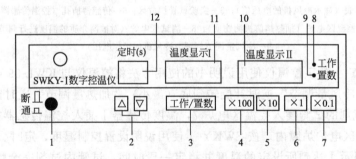

图 5-4　SWKY-Ⅰ数字控温仪前面板示意

1—电源开关；2—定时设置增、减键按钮；3—工作/置数转换按钮；4～7—设定温度调节按钮；

8—工作状态指示灯；9—置数状态指示灯；10—温度显示Ⅱ；11—温度显示Ⅰ；12—定时显示窗口

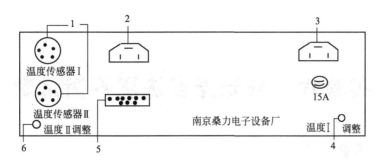

图 5-5 SWKY-Ⅰ数字控温仪后面板示意

1—传感器插座；2—电源线插座；3—加热器电源插座；4,6—温度调节Ⅰ、Ⅱ；

5—RS-232C 串行口，即计算机接口（根据需要与计算机连接）

2. 操作步骤

(1) 将传感器插头 (Pt100)、加热器对接线分别与后面板的"传感器插座"、"加热器电源"对应连接。

(2) 将～220V 电源线接入后面板上的电源插座。

(3) 将传感器Ⅰ插入被控温物中，传感器Ⅱ插入待测物中（一般插入深度≥50mm）。

(4) 打开电源开关。显示初始状态，如：

      00   320.0℃   20.0℃   ○ ●

其中，温度显示Ⅰ为 320.0℃（设定温度），温度显示Ⅱ为实时温度，"置数"指示灯亮。

(5) 设置控制温度：按"工作/置数"键，置数灯亮。依次按"×100"、"×10"、"×1"、"×0.1"设置"温度显示Ⅰ"的百位、十位、个位及小数点位的数字，每按动一次，显示数码按 0～9 依次递增，直至调整到所需"设定温度"的数值。设置完毕，再按一下"工作/置数"按键，转换到工作状态。温度显示Ⅰ从设置温度转换为控制温度当前值，工作指示灯亮。

注意：置数工作状态时，仪器不对加热器进行控制。

实验六 分光光度法测平衡常数

一、目的要求

1. 利用分光光度计测定低浓度下铁离子与硫氰酸根离子生成硫氰合铁配离子液相反应的平衡常数。学习一种液相反应平衡常数的测定方法。
2. 通过实验进一步理解热力学平衡常数不因反应物起始浓度不同而发生变化。
3. 掌握分光光度计的使用。

二、实验原理

在水溶液中，铁离子与硫氰酸根离子可生成一系列的配离子，并共存于同一平衡系统中，但当铁离子与硫氰酸根离子的浓度很低时，只有如下反应。

$$\text{Fe}^{3+} + \text{SCN}^- \rightleftharpoons \text{Fe(SCN)}^{2+} \tag{6-1}$$

即反应被控制在仅仅生成最简单的 FeSCN^{2+} 配离子。其平衡常数表示为：

$$K_r = \frac{[\text{Fe(SCN)}^{2+}]}{[\text{Fe}^{3+}][\text{SCN}^-]} \tag{6-2}$$

通过实验和计算可以看出，在同一温度下，改变铁离子或硫氰酸根离子的浓度时，溶液的颜色改变，平衡发生移动，但平衡常数 K_r 保持不变。当溶液的浓度很低时，根据朗伯-比尔定律可知，吸光度（又称光密度、消光度）与溶液浓度成正比。因此，可借助于分光光度计测定其吸光度，从而计算出平衡时硫氰合铁配离子的浓度及铁离子和硫氰酸根离子的浓度，再根据式(6-2)计算出该反应的平衡常数 K_r。

三、仪器和试剂

721 型分光光度计 1 台；烧杯（50mL）6 个；移液管（5mL，10mL，15mL）各 3 支；$4 \times 10^{-4} \text{mol/L NH}_4\text{SCN}$ 溶液；$1 \times 10^{-1} \text{mol/L}$ 和 $4 \times 10^{-2} \text{mol/L FeCl}_3$ 溶液。

四、实验步骤

1. 不同浓度试样的配制

取 4 个 50mL 烧杯，编成 1~4 号。用移液管向各编号的烧杯中各加入 5mL 4×10^{-4} mol/L NH_4SCN 溶液。另取 4 种浓度各不相同的 FeCl_3 溶液各 5mL，分别注入各编号的烧杯中。使体系中 SCN^- 的初始浓度与 Fe^{3+} 的初始浓度达到表 6-1 中所示的数值。为此，可按以下步骤配制不同浓度的 Fe^{3+} 溶液：

在 1 号烧杯中直接注入 5mL 1×10^{-1} mol/L Fe^{3+} 溶液；

在 2 号烧杯中直接注入 5mL 4×10^{-2} mol/L Fe^{3+} 溶液；

取 50mL 烧杯 1 个，注入 10mL、4×10^{-2} mol/L Fe^{3+} 溶液，然后加纯水 15mL 稀释，取此稀释液（Fe^{3+} 浓度 1.6×10^{-2} mol/L）5mL 加到 3 号烧杯中；另取稀释液（Fe^{3+} 浓度

1.6×10^{-2} mol/L）10mL 加到另一个 50mL 烧杯中，再加纯水 15mL，配制成浓度为 6.4×10^{-3} mol/L 的 Fe^{3+} 溶液，取此溶液 5mL 加到 4 号烧杯中。

2. 分光光度计的调节与溶液吸光度测定

选择颜色较深的溶液放入光路中，测定不同波长下的吸光度，以吸光度为纵坐标，波长为横坐标绘制吸收光谱图，选其中最大吸收时的波长作为比色分析的入射光波长。将 721 型分光光度计调整好，并把波长调到 $\lambda_{最大}$ 处，然后分别测定上述 4 个编号烧杯中各溶液的吸光度。

五、数据处理

将测得的数据填于表 6-1 中，并计算出平衡常数 K_r 值。

表 6-1　实验数据及数据处理结果

室温：_____℃　大气压：_____kPa　　　　　　　　　　　浓度单位：mol/L

编　号	$[Fe^{3+}]_始$ $/\times 10^{-2}$	$[SCN^-]_始$ $/\times 10^{-4}$	吸光度	吸光度比	$[FeSCN^{2+}]_平$	$[Fe^{3+}]_平$	$[SCN^-]_平$	K_r
1	5.000	2.000						
2	2.000	2.000						
3	0.8000	2.000						
4	0.3200	2.000						

表 6-1 中数据按下列方法计算。

对 1 号烧杯 $[Fe^{3+}]$ 与 $[SCN^-]$ 反应达平衡时，可认为 $[SCN^-]$ 全部消耗，此平衡时硫氰合铁离子的浓度为反应开始时硫氰酸根离子的浓度，即

$$[Fe(SCN)^{2+}]_{平(1)} = [SCN^-]_始$$

以 1 号溶液的吸光度为基准，计算 2～4 号溶液的吸光度与 1 号溶液的吸光度之比，而 2～4 号各溶液中 $[Fe(SCN)^{2+}]_平$、$[Fe^{3+}]_平$、$[SCN^-]_平$ 可分别按下式求得：

$$[Fe(SCN)^{2+}]_平 = 吸光度比 \times [Fe(SCN)^{2+}]_{平(1)} = 吸光度比 \times [SCN^-]_始$$
$$[Fe^{3+}]_平 = [Fe^{3+}]_始 - [Fe(SCN)^{2+}]_平$$
$$[SCN^-]_平 = [SCN^-]_始 - [Fe(SCN)^{2+}]_平$$

根据式（6-2）计算平衡常数 K_r。

六、思考题

1. 可能引起本实验误差的因素是什么？
2. 如何提高本实验的精密度？
3. 如 Fe^{3+}、SCN^- 浓度较大时，则不能按公式来计算平衡常数，为什么？

附：分光光度计工作原理

分光光度计的工作原理是溶液中的物质在光的照射下，产生了对光的吸收，物质对光的吸收具有选择性。当强度为 I_0 的入射光束（incident beam）通过装有均匀待测物的介质时，该光束将被部分吸收，未被吸收的光将透过（emergent）待测物溶液以及通过散射（scattering）、反射（reflection）（包括在液面和容器表面的反射）而损失，这种损失有时可达

10%，那么，$I_0=I_e+I_s+I_r$。因此，在样品测量时必须同时采用参比池和参比溶液扣除这些影响。

当入射光波长一定时，待测溶液的吸光度 A 与其浓度和液层厚度成正比，即符合朗伯-比尔定律。

$$A=\lg\frac{I_0}{I}=kbc$$

式中　k——比例系数，与溶液性质、温度和入射波长有关。

当浓度以"g/L"表示时，称 k 为吸光系数，以 a 表示，即：

$$A=\lg\frac{I_0}{I}=abc$$

当浓度以"mol/L"表示时，称 k 为摩尔吸光系数，以 ε 表示，即：

$$A=\lg\frac{I_0}{I}=\varepsilon bc$$

ε 比 a 更常用。ε 越大，表示方法的灵敏度越高。ε 与波长有关，因此，ε 常以 ε_λ 表示。朗伯-比尔定律中 I_0/I 定义为透射比；b 为液层厚度或溶液的光径长度；c 为溶液的浓度。721 型分光光度计的仪器外形如图 6-1 所示。

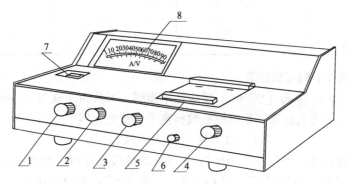

图 6-1　721 型分光光度计外形

1—波长导轮；2—0％T 旋钮；3—100％T 旋钮；4—灵敏度旋钮；

5—比色池盖；6—试样架拉手；7—波长读数看窗；8—微安表

721 型分光光度计采用自准式光路，单光束方法，其波长范围为 360～800nm，用钨丝白炽灯泡作光源，其光学系统如图 6-2 所示。

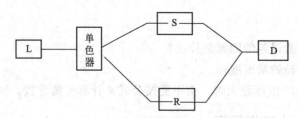

图 6-2　分光光度计的光学示意

L—光源；S—样品池；R—参比池；D—检测器

单色器是将光源发射的复合光分解成单色光并从中分出任一波长单色光的光学装置。

实验七　电导法测弱电解质的电离常数

一、目的要求

1. 用电导法测定醋酸的电离平衡常数。
2. 通过实验了解溶液的电导（G）、摩尔电导率（λ）、弱电解质的电离度（α）、电离常数（K）等概念及它们相互之间的关系。
3. 掌握用电导率仪测量溶液电导的实验方法。

二、实验原理

弱电解质如醋酸，在一般浓度范围内，只有部分电离。因此有如下电离平衡：

$$HAc \Longrightarrow H^+ + Ac^-$$
$$c(1-\alpha) \qquad c\alpha \qquad c\alpha$$

式中，c 为醋酸的起始浓度；α 为电离常数，故 $c(1-\alpha)$、$c\alpha$ 为 HAc、H^+ 及 Ac^- 的平衡状态下的浓度。如果溶液是理想的，在一定温度下，可由质量作用定律得到电离常数（K_{HAc}）为：

$$K_{HAc} = \frac{[H^+][Ac^-]}{[HAc]} = \frac{c\alpha^2}{1-\alpha} \tag{7-1}$$

在一定温度下 K 是一个常数，因此可以通过测定醋酸在不同浓度下的电离度，代入式 (7-1) 计算得到 K 值。

根据电离学说，弱电解质的 α 随溶液的稀释而增加，当溶液无限稀释时，$\alpha \to 1$，即弱电解质趋近于全部电离。当温度一定时，弱电解质溶液在各种不同浓度时，电离度 α 只与在该浓度时所生成的离子数有关，因此可通过测量在该浓度所生成的离子数有关的物理量，如 pH 值、电导率等来测定 α。本实验是通过测量不同浓度时溶液的电导率来计算 α 和 K 值。

醋酸溶液的电离度可用电导法来测定，电导池主要由两个平行设置的电极构成，电极之间充以被测溶液。电导是电阻的倒数，电阻的单位是 Ω（欧姆），所以电导的单位为 Ω^{-1} 或 S（西门子）。对于金属导体，电导（G）的数值和导体的长度（l）成反比，和导体的截面积（A）成正比，即：

$$G = \kappa \frac{A}{l} \tag{7-2}$$

式中　κ——电导率或比电导，其物理意义是长 l 为 1m，截面积 A 为 $1m^2$ 的导体的电导，所以它的单位可以写成 Ω^{-1}/m 或 S/m。

对于电解质溶液，其导电机制是靠正、负离子的迁移来完成的。它的电导率，不仅与温度有关，而且与该电解质溶液的浓度有关，所以若用电导率 κ 来衡量电解质溶液的导电能力就不合适了。这样，就提出了摩尔电导率 λ_m 的概念，它的定义是：含有 1mol 电解质的溶液，全部置于相距为单位距离（SI 单位用 1m）的两个平行电极之间，该溶液的电导称为摩尔电导率（λ_m）。摩尔电导率 λ_m 与 κ 的关系为：

$$\lambda_m = \frac{\kappa}{c} \tag{7-3}$$

式中 c——电解质溶液的摩尔浓度，mol/m^3。

根据柯尔劳许的离子独立运动定律，在无限稀释的溶液中，每种正、负离子对电解质的电导都有贡献，而且互不干扰。因此可以写出如下关系式：

$$\lambda_0 = \lambda_{0+} + \lambda_{0-} \tag{7-4}$$

即无限稀释溶液的摩尔电导率 (λ) 为无限稀释的溶液中两种离子的摩尔电导率（简称离子电导）之和。

对于无限稀释的醋酸溶液来说，可近似认为：

$$\lambda_0 = \lambda_0(H^+) + \lambda_0(Ac^-) \tag{7-5}$$

根据电离学说，在一般浓度的弱电解质（例如醋酸）溶液中，其离子电导为：

$$\lambda = \alpha[\lambda_0(H^+) + \lambda_0(Ac^-)] \tag{7-6}$$

在弱电解质溶液中，离子的浓度较小，离子之间的相互作用也较小，因此可近似地认为弱电解质的离子电导 $[\lambda_{(H^+)}、\lambda_{(Ac^-)}]$ 与无限稀释溶液中的离子电导 $\lambda_0(H^+)$、$\lambda_0(Ac^-)$ 相等。所以将式(7-6)代入式(7-5)，经整理得：

$$\alpha = \frac{\lambda}{\lambda_0} \tag{7-7}$$

将式(7-7)代入式(7-1)，得：

$$K_{HAc} = \frac{c\lambda^2}{\lambda_0(\lambda_0 - \lambda)} \tag{7-8}$$

因此，可通过测定 HAc 的电导率 κ 代入式(7-3)求得 λ，λ_0 则由表 7-1 查得，再将 λ、λ_0 代入式(7-7)、式(7-8)，求得 α 和 K_{HAc}。

式(7-8)亦可写成：

$$\frac{1}{\lambda} = \frac{1}{\lambda_0} + \frac{c\lambda}{K_{HAc}\lambda_0^2} \tag{7-9}$$

如以 $1/\lambda$ 对 $c\lambda$ 作图，截距即为 $1/\lambda_0$，由直线的斜率即可求得 K_{HAc}。

表 7-1　不同温度下无限稀释的醋酸溶液的摩尔电导率

温度/℃	0	18	25	30	50	100
$\lambda_0/(\times10^{-6}\,S/m)$	260.3	348.6	390.8	421.8	532	774

由电导的概念可知，电导是电阻的倒数，对电导的测量也就是对电阻的测量，但测定电解质溶液的电阻时有其特殊性，当直流电通过电极时会引起电极的极化，因此必须采用较高频率的交流电，其频率一般应取在 1000Hz 以上，另外，构成电导池的两个电极应是惰性的，一般用铂电极，以保证电极与溶液之间不发生电化学反应。

对于一个电极而言，电极面积和间距 l 都是固定不变的，故 l/A 是常数，称为电导池常数，由式(7-2)可知：

$$K = \frac{l}{A} \tag{7-10}$$

因为电极的面积和间距很难直接测量，通常可将已知电导率的电解质溶液（如标准 KCl 溶液）注入电导池中，然后测其电导，即可从式(7-10)算得该电导池的常数 K（或工厂已在产品出厂时标定）。

当电导池常数 K 确定后，就可用该电导池测定某一浓度 c 的醋酸溶液的电导 G，再用式(7-10)算出 K。如 c 已知，则将 c、K 值代入式(7-3)算得该浓度下醋酸溶液的摩尔电导

率 λ_m，因此只要知道无限稀释时醋酸溶液的摩尔电导率 $\lambda_{0,m}$，就可以应用式(7-5)最后算出醋酸的电离常数 K。

三、仪器和试剂

电导率仪（DDS-11A 型）；电导池；恒温槽；50mL 酸式滴定管 2 支；50mL 烧杯 5 个；玻璃棒 4 根；滴定台；0.1000mol/L HAc 溶液；0.01000mol/L KCl 标准溶液。

四、实验步骤

1. 调节恒温槽温度。

2. 测定电导池常数（若知电导池常数此步骤可省略）

倒去电导池中的蒸馏水（电导池不使用时，应把它浸在蒸馏水中，以免干燥后难以洗除被铂吸附的杂质，并且避免干燥的电极浸入溶液时，表面不易完全浸润，引起小气泡使电极表面积发生改变，影响测量结果），用少量 0.01000mol/L KCl 溶液洗涤电导池和铂电极，一般三次，然后倒入 0.01000mol/L KCl 溶液，使液体超过电极 1～2cm，再将电导池置于 25℃恒温槽中，恒温 10～15min 后，进行测量。

3. 测定醋酸溶液的电导

配制 5 份不同浓度的醋酸溶液（c、$c/2$、$c/4$、$c/8$、$c/16$）。

倾去电导池中的 KCl 溶液，将电导池和铂电极用蒸馏水洗涤，再用少量的被测的醋酸溶液洗涤 3 次，然后注入被测的醋酸溶液，使溶液超过电极 1～2cm，测定 5 份溶液各自的电导率。测量次序按 $c/16$、$c/8$、$c/4$、$c/2$、c 进行。溶液测量时，无需用蒸馏水洗涤电极。再将电导池置于 25℃的恒温槽中，恒温 10～15min，进行测量。

测量完毕后，将电极用蒸馏水冲洗干净，吸干（或泡在蒸馏水中），关闭电源。

4. 分别用平均值法和作图法求 K_{HAc}，并由式(7-7)求醋酸的电离度 α。

五、数据记录与处理

1. 计算 5 份不同浓度的醋酸溶液的 κ。
2. 列出 c、κ、λ、$c\lambda$、$1/\lambda$ 的数据表。
3. 以 $1/\lambda$ 对 $c\lambda$ 作图，求出直线的斜率。
4. 计算 K_{HAc}。

六、学生设计实验参考

用电导率仪测量碳酸钙的溶解度和溶度积，并与文献值比较。

七、思考与讨论

1. 电解质溶液的导电与金属导电有什么不同？电导池常数 l/A 是否可用卡尺来测量？若实验过程中电导池常数发生改变，它对平衡常数有何影响？

2. 测定溶液电导，一般不用直流电，而用交流电，为什么？

3. 试举出电导率测定的其他应用例子。

4. 弱电解质的 α 与哪些因素有关？

实验八　原电池电动势的测定

一、目的要求

1. 了解 Cu-Zn 电池的电动势和 Cu、Zn 电极的电极电势。
2. 了解可逆电池、可逆电极、盐桥等概念。
3. 学会一些电极的制备和处理方法。
4. 掌握电位差计的测量原理和 SDC 数字电位差综合测试仪的使用方法。

二、实验原理

原电池是由正、负两个电极（半电池）组成，每一个半电池中由一个电极和相应的溶液组成。由不同的半电池可以组成各式各样的原电池。电池在放电过程中，正极起还原反应，负极起氧化反应，两个电极反应的总和为电池反应，其电动势为组成该电池的两个电极的电极电势的代数和。若知道电池的电动势和一个电极的电极电势，即可求得另一电极的电极电势。但迄今还不能从实验直接测定单个电极的绝对电极电势。在电化学中，电极电势是以标准氢电极（$a_{H^+}=1$、$p_{H_2}=100kPa$ 时被氢气所饱和的铂电极）的 $E^{\ominus}\{H^+|H_2(g)\}=0$ 为基准而求得的相对值。由于氢电极使用比较麻烦，因此常把具有稳定电极电势的电极如甘汞电极、银-氯化银电极等作为第二类参比电极。

通过对电池电动势的测定可以求算化学反应的 ΔG、ΔH、ΔS、$K^{\ominus}$ 等热力学函数、电解质的平均活度系数、难溶盐的溶度积和溶液的 pH 值等数值。但用电动势的方法求以上数据，必须是在恒温恒压、可逆条件下，即首先电池反应必须是可逆的、通过电池的电流必须是无限小并且不存在任何不可逆的液体接界；若有液体接界，需用盐桥尽量消除液体接界所产生的电势，此时测出的电动势可近似地认为是可逆电池的电动势 E。

所谓"盐桥"是指正负离子迁移数比较接近的高浓度的盐类溶液所构成的"桥"（图 8-1），用来连接原来产生显著液体接界电势的两种液体，从而使其不直接接界；常用的盐桥的盐有

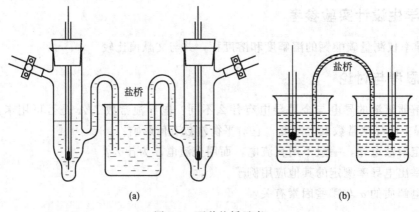

(a)　　　　　　　　　　　　(b)

图 8-1　两种盐桥示意

KCl、KNO₃、NH₄NO₃ 等，本实验采用的是图 8-1（a）中的构成装置。

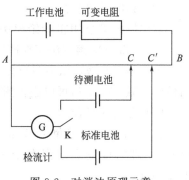

图 8-2　对消法原理示意

电池电动势要用电位差计测量，而不能直接用伏特计来测量，因为当伏特计与待测电池接通后，整个线路上便有电流通过，并在电池两极发生反应，溶液浓度发生变化，电池电动势不能保持稳定，且电池本身有内阻，伏特计所量得的电动势值仅为电动势的一部分。所以要准确测定电池电动势，只能在无电流通过的情况下进行，对消法就是根据这个要求设计的。其线路示意于图 8-2，*AB* 是均匀电阻线，在 *AB* 上按导线的长度比例直接注明伏特数，测定时先把 K 向下与标准电池连通，并把 *C'* 点移至标准电池在测定温度时的电动势值处，调节可变电阻，直到 G 中无电流通过。这样就校正了 *AB* 电阻线上的读数。显然一经校正，可变电阻就不能任意变动了。但由于使用过程中工作电池因不断放电而在改变，所以测定前，均需用标准电池进行校正。

本实验中要求制备锌电极、铜电极，并利用恒温槽调节两个不同温度，分别测定其电池电动势数据。

三、仪器和试剂

玻璃恒温槽 1 套；SDC 数字电位差综合仪 1 台；饱和甘汞电极 1 支；铜棒、锌棒各 1 支；电极管 2 支（包括止水夹 2 个、洗耳球一个）；50mL 烧杯 3 个；导线两条；公用电镀装置一套（包括毫安表 1 个，铜棒一支，稳压电源一台，300mL 烧杯 1 个，滑线电阻器一台）；镀铜溶液（其中每升含 125g $CuSO_4 \cdot 5H_2O$，25g H_2SO_4，50mL 乙醇）；饱和 KCl 溶液；0.1000mol/L $CuSO_4$ 溶液；0.1000mol/L $ZnSO_4$ 溶液。

四、实验步骤

1. 调节恒温槽温度

一般实验的第一个温度点调节在比当天室温稍高一点，即 25℃，30℃ 或 35℃。第二个温度点比第一个温度点高 5℃；打开 SDC 数字电位综合测试仪的电源开关使其预热。

2. 电极制备

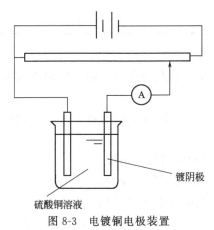

图 8-3　电镀铜电极装置

（1）铜电极的制备

将铜棒用金相粗砂纸擦去电极表面的氧化物，再用金相细砂纸擦亮其表面，然后立即插入硫酸铜电镀液中，进行电镀，电镀线路图如图 8-3 所示。电流密度控制在 20～30mA/cm²，电镀约 15min，使电极表面上一紧密的镀层。

电镀后，将铜棒取出用 0.1mol/L $CuSO_4$ 溶液洗涤后，立即插入装有 0.1mol/L $CuSO_4$ 溶液的电极管内，并将导管夹紧。检查电极管是否漏液，以不漏液为准。再插入装有 0.1mol/L $CuSO_4$ 的 50mL 烧杯中，放入恒温槽中恒温 10min 后可以进行测定。

（2）锌电极的制备

取出锌棒用金相粗砂纸擦去电极表面的氧化物，再用金相细砂纸擦亮锌棒表面，用 0.1mol/L $ZnSO_4$ 溶液洗完立即插入装有 0.1mol/L $ZnSO_4$ 溶液的电极管内，夹紧导管，检查电极管是否漏液，以不漏液为准。再插入装有 0.1mol/L $ZnSO_4$ 50mL 的烧杯中，放入恒温槽中恒温 10min 后可以进行测定。

（3）电池的组合

将饱和 KCl 溶液倒入 50mL 烧杯中（溶液约占烧杯的 80%）。并取饱和甘汞电极（脱去下部的橡皮套放回盒子中，实验结束后套回去）插入烧杯中，放入恒温槽中恒温 10min。

在充分恒温后将铜电极、锌电极取出（检查是否漏液或导液管是否有气泡），插入饱和 KCl 溶液中，按下列电池组合立即测量其电动势。

$$Zn\,|\,ZnSO_4\,(0.1mol/L)\,\vdots\,CuSO_4\,(0.1mol/L)\,|\,Cu$$

$$Zn\,|\,ZnSO_4\,(0.1mol/L)\,\vdots\,饱和\,KCl\,溶液\,|\,Hg_2Cl_2\,(s),Hg\,(l)$$

$$Hg\,(l),Hg_2Cl_2\,(s)\,|\,饱和\,KCl\,溶液\,\vdots\,CuSO_4\,(0.1mol/L)\,|\,Cu$$

（4）电动势的测定

① SDC 数字电位综合测试仪使用方法见附，按要求接好线路，注意正负极不能接反。

② 在恒温条件下分别测定上述三个电池的电动势，每测完一次再重测一次。

③ 当第一温度点测完后，立即将铜电极、锌电极退回到各自溶液的烧杯中，然后调节智能数字恒温控制器，使之加热，让温度升高 5℃，当温度稳定后恒温 10min 再进行第二恒温点测定。

五、数据记录与处理

1. 电动势的测量值（表 8-1）

表 8-1　电动势的测量值

室温＿＿＿＿＿＿＿；大气压＿＿＿＿＿＿＿

数值　　温度 项目	第一测温点温度＿＿＿℃			第二测温点温度＿＿＿℃		
	一	二	平均值	一	二	平均值
E_{Zn-Cu}						
$E_{Zn-甘}$						
$E_{甘-Cu}$						

2. 计算第一个实验温度下饱和甘汞电极的电势值。

3. 计算第一个实验温度下铜电极、锌电极的标准电极电势及铜电极、锌电极的电极电势的理论值。

4. 根据第一个实验测定的 $E_{甘-Cu}$ 和 $E_{Zn-甘}$ 计算同温下铜、锌的电极电势，并与理论值比较。

5. 根据两个温度下的实验值，计算以上三个电池的电动势的温度系数。

计算理论值时电解质的浓度要用活度表示，对 2-2 价型电解质，设 $\gamma_+ \approx \gamma_- \approx \gamma_\pm$；则 $a_{Zn^{2+}} \approx \gamma_\pm c_{Zn^{2+}}/c^\ominus$，$a_{Cu^{2+}} \approx \gamma_\pm c_{Cu^{2+}}/c^\ominus$；式中，$\gamma_\pm$ 是电解质的离子平均活度系数。其值与离子种类、浓度、温度有关，不同种类的离子其值不同。铜、锌离子在不同温度时的 $\gamma_\pm$

值见表 8-2。

表 8-2　铜、锌离子在不同温度下的 $\gamma_\pm$ 值

$\gamma_\pm$ ＼ c　电解质	0.1000mol/L			
	25℃	30℃	35℃	40℃
$CuSO_4$	0.16	0.15825	0.1564	0.1545
$ZnSO_4$	0.15	0.1483	0.1465	0.1446

饱和甘汞电极的电极电势与温度的关系，以及铜、锌电极的标准电极电势与温度的关系如下。

$$E_{甘汞} = 0.2410 - 7.61 \times 10^{-4}(t-25℃)$$

$$E^{\ominus}_{Zn^{2+}/Zn} = -0.7630 + 9.1 \times 10^{-5}(t-25℃)$$

$$E^{\ominus}_{Cu^{2+}/Cu} = 0.3400 + 8.0 \times 10^{-6}(t-25℃)$$

6. 计算 Cu-Zn 电池反应的 ΔG_m、ΔH_m 和 ΔS_m。

六、学生设计实验参考

设计实验，选择电解质和电极，测定电解质溶液的活度系数；测定标准电极电势。

提示：配制不同浓度的电解质溶液，组成电池测定电动势。

七、思考与讨论

1. 操作可能产生的测量误差的原因是什么？

2. 检零指示不能调至零，可能的原因是什么？

附：SDC 数字电位综合测试仪使用方法

SDC 数字电位综合测试仪面板如图 8-4 所示。

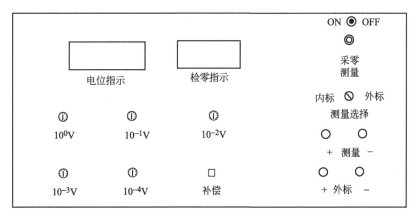

图 8-4　SDC 数字电位综合测试仪面板

一、开电源开关（ON），预热 15min。

二、以内标为基准进行测量

1. 校验

(1) 用测试线将被测电动势按"＋"、"－"极性与"测量插孔"连接。

(2) 将"测量选择"旋钮置于"内标"。

（3）将"10^0V"位旋钮置于"1"，"补偿"旋钮逆时针旋到底，其他旋钮均置于"0"，此时，"电位指示"显示"1.00000V"。

（4）待"检零指示"显示数值稳定后，按一下"采零"键，此时，检零指示应显示"0000"。

2. 测量

（1）将"测量选择"置于"测量"。

（2）调节"$10^0 \sim 10^{-4}$V"五个旋钮，使"检零指示"显示数值为负且绝对值最小。

（3）调节"补偿旋钮"，使"检零指示"显示为"0000"，此时，"电位显示"数值即为被测电动势的值。

3. 关机

首先关闭电源开关（OFF），然后拔下电源线。

注意：测量过程中，若"检零指示"显示溢出符号"OU.L"，说明"电位指示"显示的数值与被测电动势值相差过大。

实验九　线性扫描伏安法测量水的分解电压

一、目的要求

1. 掌握线性扫描伏安法的基本原理。
2. 了解上述方法的实验操作和极化曲线的含义。
3. 评估析氧和析氢极化的特性。

二、实验原理

线性扫描伏安法是以一线性变化电压施加于电解池上，以所得的电流-电极电势曲线为基础的分析和研究方法。所施加扫描电位与时间的关系为：$E = E_i - vt$，电流与被测物质浓度 c、扫描速度 v 等因素有关。

本实验是在电解池中注入一定浓度的 H_2SO_4 溶液，插入两个电极（工作电极与辅助电极），阴极将发生还原反应：$2H^+ + 2e^- \rightleftharpoons H_2$，阳极将发生氧化反应：$H_2O \rightleftharpoons 1/2 O_2 + 2H^+ + 2e^-$。为了测量工作电极的电极电势，需在电解池中加入一个参比电极（通常用甘汞电极），可测出工作电极相比于参比电极的电极电位，由于参比电极的电极电势是已知的，故可得到工作电极的电极电势。实验中以较慢速率连续改变电位

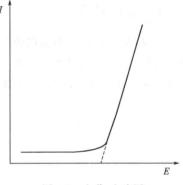

图 9-1　电位-电流图

（扫描），记录相应的电流值，绘制成图即得极化曲线图（见图 9-1)，由图 9-1 可求得极化电极电势。

三、仪器和药品

ZHDY 智能恒电位仪（铂、石墨、钛合金为工作电极，铂电极为对电极，饱和甘汞电极为参比电极）；0.025mol/L 和 0.05mol/L 硫酸水溶液；试剂为分析纯，使用重蒸水。

四、实验步骤

1. 在电解池中放入适量 0.025mol/L 硫酸水溶液，插入工作电极、辅助电极和饱和甘汞电极。然后将恒电位仪的接线分别与相应的电极连接，打开恒电位仪。

2. 测阴极极化曲线：打开计算机"ZHDY 智能恒电位仪"程序，点击"设置"菜单中"实验设置"，选择"线性伏安法"，设定初始电位 0V，终止电位 −0.50V，静止时间为 1s，扫描速度 0.002V/s，采样间隔为 1mV，灵敏度为 1mA/V，点击"确定"。再点击"联机"，点"确定"，再点击"开始"菜单，即开始记录线性扫描伏安图，结束后，点"停止"。保存图形。

然后，在"实验设置"中改变扫描速度为 0.005V/s，重复测定一次。

注意：（1）每次测定前要充分摇动电极，以除去电极表面的气泡；（2）"联机"菜单只需要第一次测定时，点击一次即可。

3. 测阳极极化曲线：方法同上，在"实验设置"中改变初始电位为 1.1V，终止电位为 1.70V，分别以 0.002V/s、0.005V/s 的扫描速度测定两次。

4. 在电解池中放入适量 0.05mol/L 硫酸水溶液，重复 1~3 的步骤。

5. 分别将 4 条阳极极化曲线、4 条阴极极化曲线进行"波形对比"，然后打印图形。

五、数据记录和处理

1. 分别从阴极极化曲线求析氢电势、阳极极化曲线求析氧电势，换算成氢标电势，利用能斯特方程分别计算平衡电极电势，比较析氢和析氧超电势，分析电极材料的电催化性能。

2. 求水的分解电压。

3. 比较三电极法和二电极法的特点。

附：线性伏安法

控制极化电位由"初始电位"开始，以特定的"扫描速度"随时间向"终止电位"线性变化，同时记录扫描过程中电流与电位（i-E）关系曲线的方法，称为线性扫描伏安法（line sweep voltammetry，LSV）。极化电位波形如图 9-2 所示。

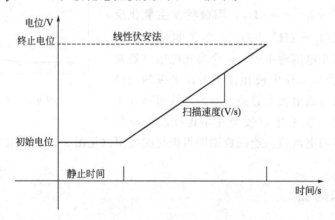

图 9-2　极化电位波形

线性伏安法的参数设置对话框如图 9-3 所示，实验参数设置范围及说明见表 9-1。

表 9-1　实验参数设置范围及说明

参数	单位	范围	参数描述
初始电位	伏	$-10\sim10$	扫描起始时的电极电位
终止电位	伏	$-10\sim10$	扫描结束时的电极电位
静止时间	秒	$1\sim1000$	电位扫描前静止时间
扫描速度	伏/秒	$10^{-6}\sim10^{3}$	电位变化的速率
灵敏度	安/伏	$10^{-10}\sim0.1$	电流电压转换灵敏度

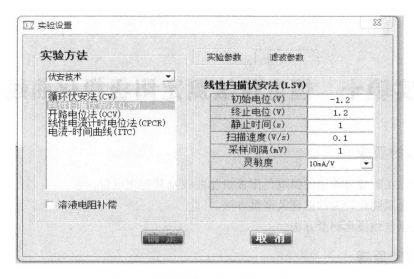

图 9-3 线性伏安法的参数设置对话框

　　仪器可测量的最大电流为当前电流灵敏度设置值的 10 倍。例如当电流灵敏度设置为 1mA 时，仪器可记录的最大电流值为 ±10mA，超出此范围将导致电流量程溢出，严重时会诱发警告信息弹出并提前终止实验，从而无法得到正常的实验结果，此时，需将电流量程更改为 10mA；反之，如发现测得电流远小于 ±1mA，需将电流量程切换为 100μA。

实验十　恒电位法测定阳极极化曲线

一、目的要求

1. 测定镍在硫酸溶液中的恒电位阳极极化曲线及其钝化电位。
2. 了解金属钝化行为的原理及测量方法。
3. 掌握恒电位极化测量方法。

二、实验原理

金属的阳极过程是指作为阳极发生电化学氧化的过程：$M \rightleftharpoons M^{n+} + ne^-$，许多生产部门都涉及金属的阳极过程，如化学电源、电镀、电解、电冶炼等。

电极通过电流时，其电极电位偏离热力学平衡电位的现象，称为极化。根据实际测出的数据来描述电流密度和电极电位关系的曲线称为极化曲线，在金属的阳极过程中，其电极电位必须正于其热力学电位，电极过程才能发生，当阳极极化不太大时，阳极过程的电流密度随电位变正而逐渐增大，这是金属的正常阳极溶解，但当电位正到某一数值时，其溶解速度达到最大，此后，阳极溶解速度随电位变正反而大幅度下降，这种现象称为金属的钝化现象，如图 10-1 所示。

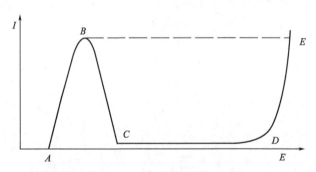

图 10-1　镍金属在硫酸溶液中的阳极极化曲线

处在钝化状态下的金属，其溶解速度具有最小数值，在某些情况下，这正是人们所需要的，例如为了保护金属防止腐蚀以及电镀电解中的不溶性阳极等；在另外一些情况下，金属钝化却是非常有害的，例如在化学电源、电冶炼以及电镀中的可溶性阳极等。

研究金属阳极溶解及钝化通常采用两种方法：控制电位法和控制电流法，由于控制电位法能测到完整的阳极极化曲线，因此在金属的钝化现象研究中，比控制电流法更能反映电极的实际过程，对于大多数金属而言，用控制电位法测得的阳极极化曲线大都具有图 10-1 中实线所表示的形式（$ABCDE$ 线），而控制电流法只能获得图 10-1 中虚线的形式（ABE 线），从控制电位下测得的极化曲线可以看出，它具有"负坡度"的特点，具有这种特点的金属阳极极化曲线是无法用控制电流的方法来测量的，因为在同一个电流值下可能相应几个不同的电极电位，因而若用控制电流法测量，此时电位处于不稳定状态，并可能发生电位的跳跃甚至振荡。

用控制电位法测到的阳极极化曲线可分为四个区域。

（1）AB 段为活化溶解区

此时金属进行正常的阳极溶解，阳极电流随电位的改变服从 Tafel 公式的半对数关系。

（2）BC 段为过渡钝化区（负坡度区）

随着电位变正达到 B 点后，金属开始发生钝化，随着电位正移，金属溶解速度不断降低，并过渡到钝化区，对应于 B 点的电极电位称为临界钝化电位，对应的电流密度称为临界钝化电流。

（3）CD 段为稳定钝化区

在此区域内金属的溶解速度降低到最小数值，并基本上不随电位的变化而改变，此时的电流称为维持钝化电流（或称维钝电流），其相应的电位区称为维持钝态的电位区。

（4）DE 段为超钝化区

此时阳极电流又重新随电位的正移而增大，电流增大的原因可能是高价金属离子的产生，也可能是氧气的析出，或是两者同时发生。

如果将金属置于维钝电位区，则金属表面生成钝化膜，其腐蚀速度将大大降低，这就是阳极保护原理。因此了解阳极极化曲线的参数，对研究金属的钝化现象和机理以及在电化学工程中都有较大的实际意义。

影响金属钝化过程有下面几个因素。

（1）溶液的组成

溶液中存在的 H^+、卤素离子以及某些具有氧化性的阴离子对金属的钝化现象起着颇为显著的影响，在中性溶液中，金属一般是比较容易钝化的，而在酸性或某些碱性溶液中要困难得多，这与阳极反应产物的溶解度有关。卤素离子，特别是氯离子的存在则明显地阻止金属的钝化，已经钝化了的金属也容易被它活化，而使金属的阳极溶解速度重新增加。溶液中存在某些具有氧化性的阴离子（如 CrO_4^{2-}），则可以促进钝化。

（2）金属的化学组成和结构

各种纯金属的钝化能力有很大差别，以铁、镍、铬三种金属为例，铬最容易钝化，镍次之，铁较差。因此添加铬，可以提高钢铁的钝化能力，不锈钢就是极好的例子。一般来说，在合金中添加易钝化金属可以大大提高合金的钝化能力及钝态的稳定性。

（3）外界因素

如温度、搅拌等，一般来说，温度升高以及搅拌加剧是可以推迟或防止钝化过程的发生，这显然与离子的扩散有关。

在实际测量中常采用的恒电位法有下列两种。

（1）静态法

将电极电位较长时间地维持在某一数值，同时测量电流随时间的变化，直到电流值基本上达到某一稳定值，如此逐点地测量各个电极电位（例如每隔 0.02V、0.05V、0.10V）下的稳定电流值，以获得完整的极化曲线。

（2）动态法

控制电极电位以较慢速度连续地改变（扫描），并测量对应电势下的瞬间电流值。整条电流-电位曲线可用计算机进行数据采集或者 X-Y 函数记录仪记录，所用扫描速度需要根据研究体系的性质选定，一般来说建立稳态的速度越慢，扫描速度也应越慢，这样才能使所测极化曲线与静态法接近。

上述两种方法都被广泛应用，静态法虽然测量结果接近稳态值，但相当费时，因此实际测量较常采用动态法。

三、仪器和试剂

电化学工作站或者恒电位仪；H 型电解池；研究电极（Ni 电极）；辅助电极（Pt 片和 Ni 片）；参比电极（Hg，Hg_2SO_4 | 0.05mol/L H_2SO_4）；金相砂纸；丙酮；1∶1 盐酸；0.05mol/L H_2SO_4。

四、实验步骤

（1）电极的处理：量好研究电极镍片的面积，用金相砂纸打磨光亮，依次用自来水，1∶1 HCl，蒸馏水冲洗和浸泡，再用丙酮清洗以除去表面油脂。

（2）在干净的电解池中注入 0.05mol/L H_2SO_4 溶液，装好辅助电极、研究电极和参比电极，鲁金毛细管应靠近研究电极。

（3）将恒电位仪的"辅助"、"参比"接线柱分别与辅助电极和参比电极相接，"研究"接线柱接电解池的研究电极。

（4）根据测量范围选择"电流量程"和"电位量程"，电位测量；如未知实验电流的量程，则先选择最大量程试验，再选择合适量程。

（5）若采用静态法测量，则"电位选择"置"给定"，电位显示给定电位——即欲选择的"研究"相对于"参比"的电位，用恒电位仪"粗调"和"细调"给定电位等于开路电位，"电源开关"置"极化"，仪器进入恒电位极化工作状态，选择合适的"电流量程"，分别记下相应的电位、电流值，然后调节电位旋钮，每隔一定电位记录一次电流值，电流变化不明显时电位调节幅度可大些，而电流显著变化时调节幅度可小些，至氧在研究电极表面大量析出为止，过程中应随时注意调节"电流量程"旋钮。

若有时间，用恒电流法测量阳极极化曲线，以便与恒电位法对比。

（6）若采用动态法测量，选择适当的量程，动电位扫描速度可定 3mV/s，研究电极相对于参比电极的电极电位从初始电位 -0.4V 扫描到 1.4V，可选择不同的扫速和测量范围作比较。

（7）每完成一次实验，都应用放大镜观察电极表面，这时可发现点蚀的凹坑。

（8）以自己做的实验情况，按原理所指出的问题作讨论，也鼓励同学改变实验条件作更深入的研究。

五、数据记录与处理

1. 将实验记录列成表格。

2. 作出阳极极化曲线，即 I-Φ 曲线（整个电位区间）以及 $\lg I$-η 曲线（活化区间），求出维钝电位范围和维钝电流密度。

3. 根据法拉第定律，计算金属腐蚀速率（毫米/年）。

六、学生设计实验参考

1. 添加不同量的氯化钠，观察对比极化曲线和电极表面状态的变化，说明什么问题？

2. 设计实验，求出腐蚀电流，并与其他实验求出的腐蚀速率相比较。

3. 筛选不同材料适用的缓蚀剂。

七、思考与讨论

1. 阳极保护的基本原理是什么？什么样的介质才适用于阳极保护？

2. 什么是临界钝化电流和维钝电流，它们有什么不同？

3. 在测量电路中，参比电极和辅助电极各起什么作用？

4. 测定阳极钝化曲线为什么要用控制电位法？

实验十一　恒电流电解氧化制备二氧化锰

一、目的要求

1. 用电化学方法制备活性二氧化锰。
2. 了解多种因素对生产过程电流效率的影响。

二、实验原理

二氧化锰大量应用于锌-锰电池（即干电池）的生产中。它是锌-锰电池的正极活性物质。与天然二氧化锰相比，电解法生产的二氧化锰可大幅度提高锌-锰电池的电容量，因此，电解法生成的二氧化锰又称活性二氧化锰。

电解法制备二氧化锰是在硫酸锰的硫酸溶液中进行，阴极用铅，阳极用铅-二氧化铅。电解时的阴极反应是：

$$2H^+ + 2e^- \longrightarrow H_2$$

而阳极过程生成二氧化锰的机制尚不清楚，一种可能的阳极反应和随后发生的次级反应为：

$$Mn^{2+} \longrightarrow Mn^{4+} + 2e^-$$
$$Mn^{4+} + 2H_2O \longrightarrow MnO_2 + 4H^+$$

电流效率是电解、电镀生产中一项主要的经济技术指标。阴极过程或阳极过程的电流效率常用 η 表示，其意义为：

$$\eta = \frac{阳极（或阴极）过程实际得到的目的产物量}{理论上得到的目的产物量} \times 100\% \tag{11-1}$$

根据法拉第定律，1mol Mn^{4+} 所需要的电量为 $2 \times 96500C$。电解过程中通过电解池的电量：

$$Q = 电解电流(A) \times 电解时间(s)$$

二氧化锰的摩尔质量为 86.93，如 Q 电量通过阳极，理论上应得到二氧化锰的质量为：

$$m_理 = Q \times \frac{86.93}{2} \times 96500 \tag{11-2}$$

将式(11-2)代入式(11-1)，阳极过程生成二氧化锰的电流效率可表示为：

$$\eta = \frac{m_实}{\dfrac{Q \times 86.93}{2 \times 96500}} \times 100\%$$

$$= \frac{m_实 \times 2 \times 96500}{Q \times 86.93} \times 100\% \tag{11-3}$$

影响阳极过程产物二氧化锰的电流效率的因素如下。

（1）阳极上氧的析出反应

$$H_2O \longrightarrow \frac{1}{2}O_2 + 2H^+ + 2e^-$$

这一电极反应由于生成的二氧化锰附着在阳极上而受到催化。

（2）阳极生成的 Mn^{4+} 由于扩散和电迁移而在阴极上还原。

（3）阳极生成的 Mn^{4+} 并未按上式完全转变而残留在溶液中。

（4）电解液的酸度减小，硫酸锰的浓度降低，电解液温度升高，阳极电流密度增加，以及各种杂质特别是铁、铜等变价离子的存在都会显著降低阳极过程的电流效率。

实验研究得到电解的最适宜条件如下。

电解液的最初组成：$MnSO_4$ 300～500g/L，H_2SO_4 180～200g/L。

电解液温度：20～25℃。

电流密度：阳极为 5A/dm^2，阴极为 10A/dm^2。

电极之间的距离：30mm。

三、仪器和试剂

直流电源（晶体管稳流器）；电流表；烘箱；台秤；500mL 烧杯；铅皮；硫酸锰；硫酸。

四、实验步骤

（1）配制电解液。电解液组成为 $MnSO_4$ 300g/L，H_2SO_4 180～200g/L，先配制硫酸溶液，并不断搅拌。

（2）将阳极、阴极以及 300mL 电解液都放入 500mL 烧杯内，连接电解线路，经教师检查后开始电解，电解电流为 5A。

（3）电解 2.5h，每隔 20min 记录一次电解电压。停止电解后，取出电极，用蒸馏水冲洗。

（4）将电解后的溶液放在烘箱内，于 80℃维持 3h，使二氧化锰沉淀。倾出上部溶液，抽滤沉淀，并多次洗涤沉淀（所用滤纸事先称重）。将得到的二氧化锰放入烘箱，于 110℃干燥，称量所得到的二氧化锰，计算电流效率。

五、学生设计实验参考

查阅有关文献并设计实验方案，设计如下实验。

（1）化学法与电化学法制备的二氧化锰对电池性能的影响。

提示：XRD 实验对比两种方法制备的二氧化锰的晶型；设计成电池进行放电实验。

（2）有文献介绍 Ag^+/Ag、Ce^{3+}/Ce^{4+} 对电极产生二氧化锰的电流效率有催化作用，查阅文献，分析其可能性，实验验证。

（3）二氧化锰一般作为一次电池的材料，为节约型社会作贡献，二氧化锰能否作为二次电池的材料？查阅有关资料，设计和改进试验。

实验十二　电化学方法测定电极过程动力学参数

一、目的要求

1. 掌握循环伏安法、常规脉冲伏安法和计时电流（电量）法的基本原理。
2. 了解上述方法的实验操作和电极过程动力学参数的应用。

二、实验原理

1. 循环伏安法

循环伏安法是以一种线性变化的电压施加于电解池上，再回过头来扫描至原来的起始电位值，以所得的电流-电压曲线为基础的分析和研究方法。所施加扫描电位与时间的关系为：

$$E = E_i - vt$$

若溶液中存在氧化态 O，电极上将发生还原反应：

$$O + ne^- \Longrightarrow R$$

反向回扫时，电极上生成的还原态 R 将发生氧化反应：

$$R \Longrightarrow O + ne^-$$

峰电流可表示为：

$$i_p = 2.69 \times 10^5 n^{3/2} D^{1/2} A v^{1/2} c$$

峰电流与被测物质浓度 c、扫描速度 v 等因素有关。由循环伏安图可确定峰值电流 i_{pa}、i_{pc} 和峰电位 E_{pa}、E_{pc} 值。

对于扩散控制的电极过程，i_p 与扫描速度的 1/2 次方呈正比，即 i_p-$v^{1/2}$ 为一条直线。

对于可逆体系，阳极峰电流与阴极峰电流之比等于 1：

$$\frac{i_{pa}}{i_{pc}} = 1$$

阳极峰电位与阴极峰电位差：

$$\Delta E_p = E_{pa} - E_{pc} = \frac{0.058}{n}$$

式量电位：

$$E^{\ominus\prime} = \frac{E_{pa} - E_{pc}}{2}$$

由此可判断电极过程的可逆性和电流性质。

2. 常规脉冲伏安法

在恒定预置电压 E_i 的基础上，叠加一个振幅随时间增加的方波脉冲电压，测量脉冲电压后期的法拉第电流的方法，称为常规脉冲伏安法。

对于电极反应：

$$O + ne^- \Longrightarrow R$$

其可逆波方程式为：

$$E = E_{\frac{1}{2}} + \frac{2.303RT}{nF} \lg \frac{i_1 - i}{i}$$

用 E 对 $\lg(i_1-i)/i$ 作图，为直线，斜率为 $2.303RT/nF$，由此可求出电子转移数 n。其极限电流为：

$$i_1 = nFc_0 A \left(\frac{D_0}{\pi t_m}\right)^{\frac{1}{2}}$$

若已知浓度 c_0、电子转移数 n 和电极面积 A，可测得扩散系数 D_0。

3. 计时电流（电量）法

计时电流（电量）法是一种控制电位的暂态技术，电位是控制对象，电流（电量）是被测定的对象，记录的是 i-t 或 Q-t 曲线。

当在电极上加一个突然的电位阶跃，阶跃范围由还原波前（或氧化波后）某一电位变到远于还原波后（可氧化波前）的另一电位时，所引起的法拉第电流 i_f 和充电电流 i_c 可用 Cottrell 方程表示：

$$i = i_f + i_c = \frac{nFAD^{\frac{1}{2}}c}{(\pi t)^{\frac{1}{2}}} + i_c$$

该式即为计时电流法的 Cottrell 方程。将上式积分得：

$$Q = \frac{2nFAD^{\frac{1}{2}}t^{\frac{1}{2}}c}{\pi^{\frac{1}{2}}} + Q_{dl}$$

此式即为计时电量法的 Cottrell 方程。式中，Q_{dl} 为双电层的电量。作 i-$t^{-1/2}$ 或 Q-$t^{1/2}$ 关系曲线应为直线，根据斜率可求得电极反应的扩散系数 D_0。

三、仪器和试剂

电化学工作站；铂（金、玻璃）圆盘电极为工作电极；铂电极为对电极；饱和甘汞电极为参比电极。1.00×10^{-2} mol/L $K_3Fe(CN)_6$ 水溶液；2.0mol/L KNO_3 水溶液；1.0mol/L Na_2SO_4 水溶液；试剂均为分析纯，使用二次重蒸水。

四、实验步骤

1. 工作电极的预处理

用抛光粉（Al_2O_3，200～300 目）将电极表面磨光，然后在抛光机上抛成镜面，最后分别在 1:1 乙醇、1:1 HNO_3 和蒸馏水中超声波清洗（每次约 5min）。取出，用蒸馏水冲洗后，置于 0.5mol/L H_2SO_4 中，接通三电极系统，在 ±1.0V 电位范围内以 1000mV/s 的扫描速率循环扫描进行极化处理，至 CV 曲线稳定为止。

2. $K_3Fe(CN)_6$ 溶液的循环伏安图

在电解池中放入 5.00×10^{-4} mol/L $Fe(CN)_6^{3-}$（内含 0.2mol/L KNO_3）溶液，插入工作电极、铂丝辅助电极和饱和甘汞电极，通氮气除氧。

以 20mV/s 的扫描速率，从 +0.60～−0.10V 扫描，记录循环伏安图。

以不同扫描速率 10mV/s、20mV/s、50mV/s、75mV/s、100mV/s、125mV/s、150mV/s、175mV/s 和 200mV/s，分别记录从 0.60～−0.10V 扫描的循环伏安图。

3. 不同浓度的 $K_3Fe(CN)_6$ 溶液的循环伏安图

以 20mV/s 的扫描速率，从 0.60～−0.10V 扫描，分别记录 1.00×10^{-5} mol/L、

5.00×10^{-5} mol/L、1.00×10^{-4} mol/L、5.0×10^{-4} mol/L、1.00×10^{-3} mol/L（内含 0.2 mol/L KNO_3，并在测定前除氧）$Fe(CN)_6^{3-}$ 溶液的循环伏安图。

4. 常规脉冲伏安法

在电解池中放入 1.00×10^{-3} mol/L $Fe(CN)_6^{3-}$ 溶液（内含 0.2 mol/LKNO_3，并在测定前除氧），选择常规脉冲伏安技术，电位范围为 $0.60 \sim -0.10$ V，脉冲高度选择 30 mV，测其 i-E 曲线。

5. 计时电流（电量）法

利用步骤 4 的溶液，选择计时电流技术，电位阶跃由 $0.60 \sim -0.10$ V，阶跃前在 0.60 V 处静止 5s，然后施加电位阶跃，记录 i-t 曲线。然后选择计时电量法，在同样的电位范围内做阶跃实验，记录 Q-t 曲线。

每次扫描之前，为使电极表面恢复初始条件，将电极提起后再放入溶液中应搅拌溶液，等溶液静止 $1 \sim 2$ min 再扫描。电极表面处理是能否得到可逆电极反应的关键，如果在实验过程中发现电极可逆性变差，应重新处理电极。

五、数据记录与处理

1. 由 $Fe(CN)_6^{3-}$ 溶液的循环伏安图测得不同扫描速度下的 i_{pa}、i_{pc} 和 E_{pa}、E_{pc} 值。

2. 分别以 i_{pa} 和 i_{pc} 对 $v^{1/2}$ 作图，说明扫描速率对 i_p 的影响和电极电流的性质。

3. 分别以 i_{pa} 和 i_{pc} 对 $[Fe(CN)_6^{3-}]$ 作图，说明浓度与峰电流的关系。

4. 求得标准式量电位。

5. 在常规脉冲法的 i-E 曲线上求得 i_1 值，然后取 $5 \sim 6$ 个电流数据作 E-$\lg(i_1-i)/i$ 图，应为直线，由直线的斜率求得电子转移数 n 和半波电位 $E_{1/2}$。

6. 在计时电流的 i-t 曲线和计时电量的 Q-t 曲线上取数据，分别绘制 i-$t^{-1/2}$ 和 Q-$t^{1/2}$ 关系曲线，应为直线，由斜率求得扩散系数 D。

六、学生设计实验参考

查阅资料，选择可逆体系、不可逆体系、准可逆体系，测定循环伏安曲线。

七、思考题

1. 解释 $Fe(CN)_6^{3-}$ 溶液的循环伏安图的形状。

2. 解释介质对 $Fe(CN)_6^{3-}$ 溶液循环伏安图的影响。

实验十三　量气法测定过氧化氢的催化分解

一、目的要求

1. 学习使用量气法研究 H_2O_2 催化分解反应的实验方法；测定其反应速率数 k 及半衰期 $t_{1/2}$。

2. 了解一级反应的特点，学习用积分法测定一级反应的速率常数及半衰期。

二、实验原理

在测定反应系统的浓度随时间的变化规律中，测定物理量体积 V 是常用的方法之一，对有气体生成的反应，测定反应过程中气体的体积随时间的变化则更为简便易行。

常温下，过氧化氢分解反应进行得很慢，反应的化学计量式为：

$$H_2O_2 \longrightarrow H_2O + \frac{1}{2}O_2 \uparrow$$

加入电解银、二氧化锰、碘化钾或三氯化铁等催化剂则能促进其分解，加快反应速率。H_2O_2 在 KI 作用下的催化分解按下列步骤进行：

$$H_2O_2 + KI \longrightarrow KIO + H_2O \quad （慢） \tag{1}$$

$$KIO \longrightarrow KI + \frac{1}{2}O_2 \quad （快） \tag{2}$$

由于反应（1）的速率较反应（2）慢得多，故总的反应速率由反应（1）控制，即 H_2O_2 分解反应的速率方程应为：

$$\frac{-dc_{H_2O_2}}{dt} = kc_{KI}c_{H_2O_2}$$

KI 在反应过程中不断再生，故其浓度不变，上式可简化为：

$$\frac{-dc_{H_2O_2}}{dt} = k_1 c_{H_2O_2}$$

积分得：

$$\ln c_A - \ln c_{A,0} = -k_1 t \tag{13-1}$$

式中　c_{A0}——H_2O_2 的初始浓度；

　　　c_A——t 时刻 H_2O_2 的浓度；

　　　k_1——速率常数；

　　　t——反应时间。

由于反应中生成 O_2，定温定压下，氧气体积的增长速率反映了 H_2O_2 的分解速率，氧气体积越大，表明分解掉的 H_2O_2 越多，而未分解的 H_2O_2 的浓度即 c_A 越小。设反应终了（H_2O_2 全部分解）产生氧气的体积为 V_∞，反应进行到 t 时刻氧气的体积为 V_t，则 $V_\infty - V_t$ 为 t 时刻尚未分解的 H_2O_2 在分解后产生的氧气的体积，显然 $c_{A0} \propto V_\infty$，$c_A \propto (V_\infty - V_t)$，将这两关系式代入(13-1) 得：

$$\ln \frac{c_A}{c_{A,0}} = \ln \frac{V_\infty - V_t}{V_\infty} = -k_1 t \qquad (13-2)$$

或

$$\ln(V_\infty - V_t) = -k_1 t + \ln V_\infty \qquad (13-3)$$

如果由 $\ln(V_\infty - V_t)$ 对 t 作图得一直线，即可验证是一级反应，由直线的斜率就可求出反应的速率常数 k_1。

V_t 的测定可用图 13-1 中的量气装置完成。

V_∞ 可用下列方法求得。

(1) 由滴定结果计算出实验中所用 H_2O_2 的物质的量 $n_{H_2O_2}$。

$$2MnO_4^- + 5H_2O_2 + 6H^+ \longrightarrow 2Mn^{2+} + 5O_2 + 8H_2O$$

      2mol   5mol

      cV_1 $c_{A_0}V_2$

$5cV_1 = 2c_{A_0}V_2$ $c_{A_0} = 5cV_1/2V_2$ $n_{H_2O_2} = c_{A_0}V_{H_2O_2}$

式中 c——$KMnO_4$ 的浓度；

     V_1——滴定时消耗 $KMnO_4$ 的体积；

     c_{A_0}——H_2O_2 的初浓度；

     V_2——滴定时所取 H_2O_2 的体积（即为 1mL，因为已稀释 10 倍）；

     $V_{H_2O_2}$——反应时所取 H_2O_2 的体积。

(2) 按反应式 $H_2O_2 \longrightarrow H_2O + 1/2O_2$ 算出 H_2O_2 完全分解生成 O_2 的物质的量 n_{O_2}。

(3) 由 $p_{O_2}V_\infty = n_{O_2}RT$ 求出 V_∞，T 为室温，p_{O_2} 为实验时的大气压减去实验温度下水的饱和蒸气压。

三、仪器和试剂

量气装置 1 套；磁力搅拌器 1 台；锥形瓶（250mL）2 个；秒表 1 个，滴定装置 1 套；移液管数支。约 3% H_2O_2；约 0.0400mol/L $KMnO_4$；0.100mol/L KI；3mol/L H_2SO_4。

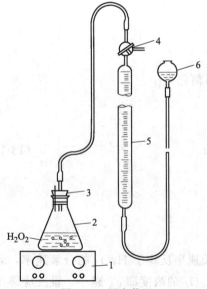

图 13-1　测定装置

1—磁力搅拌器；2—反应器；3—橡皮塞；

4—三通活塞；5—量气管；6—水准瓶

四、实验步骤

1. 检查图 13-1 的量气系统是否漏气。

旋转三通活塞，使系统与外界相通，举高水准瓶使液体充满量气管，然后旋转三通活塞使系统与外界隔绝，并把水准瓶放到最低位置，如果量气管中液面在 2min 内保持不变，即表示系统不漏气。

2. V_t 的测定

(1) 用移液管取 25mL 水、5mL H_2O_2、10mL KI 于锥形瓶中，加入搅拌子，塞紧橡皮塞。

(2) 转动活塞，使其处于三通状态，校正开始液面读数为 50mL（读数时使水准瓶和量气管液面保持同一水平）。

(3) 迅速把转动活塞转到两通状态，使量气管与锥形瓶相通，同时按下秒表，低速开启搅拌器（实验中应始终保持搅拌速度恒定不变）。高举水准瓶使与量气管液面保持同一水平。液面每下降 5mL，记录时间 t 和量气管的读数（中间不能停表），直至刻度为 100mL。

（4）用移液管取 20mL 水、10mL H_2O_2、10mL KI 溶液，重复上述实验。

3. 测定 H_2O_2 的初浓度 c_{A_0}。

（1）用移液管取 10mL H_2O_2 溶液于 100mL 的容量瓶中并稀释至刻度。

（2）取稀释后的 H_2O_2 溶液 10mL 于锥形瓶中，加入约 5mL H_2SO_4 溶液，用 $KMnO_4$ 标准溶液滴定至淡红色为止，记下所消耗 $KMnO_4$ 的体积 V_1 和浓度，并重复滴定一次。

五、数据记录与处理

1. 分别计算出两次溶液实验的 V_∞。

2. 列出 t、V_t、$V_\infty - V_t$、$\ln(V_\infty - V_t)$ 的数据表。

3. 以 $\ln(V_\infty - V_t)$ 对 t 作图，求出直线斜率。

4. 计算 H_2O_2 分解反应的速率常数 k_1 和半衰期 $t_{1/2} = 0.693/k_1$。

六、思考与讨论

1. 若不用 $KMnO_4$ 标准溶液滴定 H_2O_2，用 c_{A_0} 来计算 V_∞ 行吗？

2. 能否直接用 V_t 对 $1/t$ 作图求得 V_∞？

附：皂泡量气法测定过氧化氢的催化分解

求实验也可用皂泡量气法进行测定，步骤如下。

1. 检查系统是否漏气

按照实验装置图 13-2 组装好仪器，关闭三通活塞，先不添加反应物，用 0.01871g/mL 十二烷基苯磺酸钠溶液润洗 2~3 次量气管。打开三通活塞，挤压胶头，得到一个低位置的

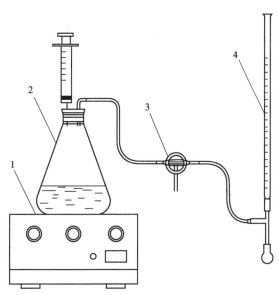

图 13-2　皂泡量气法装置

1—磁力搅拌器；2—锥形瓶；3—三通活塞；4—皂泡量气管

单层皂泡，用 100mL 医用针筒往锥形瓶中打进 $10\sim15$mL 的空气，摁住针筒不放，观察皂泡的位置，如果 1min 内皂泡基本不发生位置的变化，说明装置的气密性好。

2. V_t 的测定

① 打开三通活塞 3，连通大气。用 10mL 医用注射器小心吸取 10mL KI 溶液，用移液管往锥形瓶里加入 5mL H_2O_2＋25mL 水，小心组装好装置。

② 挤压胶头，用 50mL 注射器吹出一个低位置的肥皂泡，关闭三通活塞 3。

③ 把装有 10mL KI 的 10mL 医用注射器小心插在锥形瓶的橡胶塞中，打开三通活塞 3，低速开动磁力搅拌器，待转子运行正常后，立即快速地把 10mL 医用注射器的活塞压到底，此时皂泡将上升到一个位置，记录此位置为计时起点，从此皂泡每上升 2mL，记录一次时间 t，记录 $15\sim17$ 组数据。

重复上述实验。

3. 测定 H_2O_2 的初浓度 c_{A_0}

（1）用移液管取 10mL H_2O_2 溶液于 100mL 容量瓶中并稀释至刻度。

（2）取稀释后的 H_2O_2 溶液 10mL 于锥形瓶中加入约 5mL H_2SO_4 溶液，用 $KMnO_4$ 标准溶液滴定至淡红色为止，记下所耗 $KMnO_4$ 的体积 V_1 和浓度，并重复滴定一次。

讨论改进装置前后的优缺点在哪里？还有没有更好的改进方案？

实验十四 酸催化与酶催化蔗糖水解反应的动力学比较

一、目的要求

1. 了解旋光仪的简单构造原理，并掌握旋光仪的使用方法。

2. 了解该反应的反应物浓度与旋光度之间的关系，通过反应系统旋光度的测定来求算反应的速率常数 k 及半衰期 $t_{1/2}$。

二、实验原理

蔗糖转化反应 $C_{12}H_{22}O_{11}$（蔗糖）$+H_2O \longrightarrow C_6H_{12}O_6$（葡萄糖）$+C_6H_{12}O_6$（果糖），此反应在纯水中反应速率极慢，通常需要在 H^+ 的催化作用下进行。作为催化剂，H^+ 在反应过程中浓度是保持不变的。该反应本是二级反应，但由于反应时水是大量存在的，虽然有部分水分子参加反应，但在反应过程中水的浓度变化极小，因此其反应速率只与蔗糖浓度成正比，即：

$$\frac{-\mathrm{d}c_A}{\mathrm{d}t}=kc_A \tag{14-1}$$

所以蔗糖水解可视为一级反应，将式（14-1）积分：

$$\ln c_A = -kt + \ln c_{A_0} \tag{14-2}$$

式中 c_{A_0}——反应开始时蔗糖的浓度；

c_A——t 时刻蔗糖的浓度。

当 $c_A = 1/2 c_{A_0}$ 时，$t=t_{1/2}$，为反应的半衰期。

$$t_{1/2} = \frac{\ln 2}{k} = \frac{0.693}{k} \tag{14-3}$$

蔗糖、葡萄糖和果糖分子都含有不对称的碳原子，它们都具旋光性，且旋光能力不同，当一束偏振光线通过旋光性物质时，它们可以把偏振光的振动面（即偏振光的振动方向所在的平面，此平面与光的传播方向垂直）旋转某一角度，向右旋者为右旋物质，向左旋者为左旋物质。因此，可利用系统在反应过程中旋光度的变化来量度反应的进程。

测量旋光度所用的仪器称为旋光仪，测得的旋光度的大小与溶液中所含旋光物质的旋光能力、溶剂性质、溶液的浓度、样品管长度、光源波长及温度等均有关系。为比较各种物质的旋光能力，引入了比旋光度的概念。把偏振光通过厚度为 1dm、浓度为 1g/mL 旋光物质的旋光度定为比旋光度，用式（14-4）表示。

$$[\alpha]_D^{20} = \frac{\alpha}{lA} \tag{14-4}$$

式中 $[\alpha]_D^{20}$——比旋光度，其中上标 20 是指测定温度为 20℃，下标 D 是指测定光源为钠光 D 线、波长 5.89×10^{-7} m；

l——厚度，即旋光管的长度，dm；

A——每毫升溶液所含溶质的质量，g。

比旋光度是度量物质旋光能力的一个常数，当其他条件不变时，旋光度 α 与反应物浓度 c 成线性关系，即 $\alpha = Kc$，式中比例常数 K 与物质的旋光能力、溶剂性质、旋光管长度、温度等有关。

蔗糖是右旋性物质，比旋光度 $[\alpha]_D^{20} = 66.6°$；葡萄糖也是右旋性的物质，$[\alpha]_D^{20} = 52.5°$；但果糖是左旋性物质，$[\alpha]_D^{20} = -91.9°$。由于生成物中果糖的左旋性比葡萄糖右旋性大，所以生成物呈现左旋性质，因此，随着反应的不断进行，系统的右旋角不断减小，反应至某一瞬间系统的旋光度可恰好等于零，而后就变成左旋，直至蔗糖完全转化，这时左旋角达最大值 α_∞。

蔗糖转化反应过程中反应时间、浓度、旋光度的关系如下。

$$C_{12}H_{22}O_{11}(蔗糖) + H_2O \longrightarrow C_6H_{12}O_6(葡萄糖) + C_6H_{12}O_6(果糖)$$

$t=0$	c_{A_0}	0	0
$t=t$	c_A	$c_{A_0} - c_A$	$c_{A_0} - c_A$
$t=\infty$	0	c_{A_0}	c_{A_0}

在相同的测定条件下，$t=0$ 时，$\alpha_0 = B_1 c_{A_0}$。

$t=t$ 时 $\quad \alpha_t = B_1 c_A + B_2(c_{A_0} - c_A) + B_3(c_{A_0} - c_A) = B_1 c_A + B(c_{A_0} - c_A)$

$t=\infty$ 时 $\quad \alpha_\infty = B_2 c_{A_0} + B_3 c_{A_0} = B c_{A_0}$

式中　B_1，B_2，B_3——比例常数，$B = B_2 + B_3$；

　　　α_0，α_∞——反应开始（蔗糖尚未转化）和反应终了（蔗糖已完全转化）时系统的旋光度；

　　　α_t——反应到 t 时刻时系统的旋光度。

由此可得：

$$c_{A_0} = \frac{\alpha_0 - \alpha_\infty}{B_1 - B} \tag{14-5}$$

$$c_A = \frac{\alpha_t - \alpha_\infty}{B_1 - B} \tag{14-6}$$

将式(14-5) 和式(14-6) 代入式(14-2) 有：

$$\ln(\alpha_t - \alpha_\infty) = -kt + \ln(\alpha_0 - \alpha_\infty) \tag{14-7}$$

从式(14-7) 可知，只要测定 α_∞ 及不同时间的 α_t，以 $\ln(\alpha_t - \alpha_\infty)$ 对 t 作图，可得一条直线，从直线的斜率即可求得反应速率常数。

三、仪器和试剂

旋光仪及其附件 1 套；超级恒温槽 1 套；普通恒温槽 1 套；停表 1 个；台秤（公用）1 个；容量瓶（50mL）1 个；锥形瓶（150mL）3 个；25mL 移液管 2 支；50mL 移液管 1 支；漏斗 1 个。蔗糖（A.R.）；HCl 溶液（4.00mol/L）。

四、实验步骤

1. 旋光仪零点的校正

蒸馏水为非旋光物质，可用以校正仪器的零点（即 $\alpha=0$ 时仪器的刻度）。校正时，把旋光管一端的管盖旋开（注意盖内玻片以防摔碎），洗净旋光管，并向管内注满蒸馏水，使液体在管口形成一个凸出的液面，然后沿管口将玻片轻轻推入盖好（注意不要留有气泡在管内，以免观察时视野模糊）。旋紧管盖，勿使其漏水，但要注意旋紧管盖时不能用力过猛，以免玻片被压碎。用滤纸将旋光管擦干，再用擦镜纸将旋光管两端的玻片擦净，然后把旋光管放入旋光仪中，打开电源，调整目镜聚焦，使视野清楚，然后旋转检偏镜至观察到的三分视野暗度相等为止。记下检偏镜之旋转角 α，重复数次取其平均值，此值即为仪器的零点。

2. 配制溶液

用天平粗称 10g 蔗糖倒入锥形瓶内，并加 50mL 蒸馏水使蔗糖溶解，若溶液浑浊则应过滤一次。

3. 蔗糖转化反应过程中旋光度的测定

将恒温槽及旋光仪外的超级恒温槽调节到所需的反应温度（25℃或30℃），用移液管吸取蔗糖溶液 25mL，置于干燥的锥形瓶内，在另一个锥形瓶内移入 50mL 4.00mol/L 的 HCl 溶液。将这两个锥形瓶一起浸于恒温槽内 10min，用移液管吸取 25mL HCl 溶液加到蔗糖溶液内，并尽快使之均匀混合。注意从 HCl 流入一半时开始计时，迅速用少量反应液荡洗旋光管两次，然后将反应液装满旋光管，盖好盖子并擦干净，立刻放入已恒温的旋光仪内，测量不同时间 t 的旋光度 α_t，第一个数据要求离反应起始时间 1～2min，测量时将三分视野调节暗度相等后，先记录时间，再读取旋光度。

为了多读一些数据，以消除一些偶然误差，在反应开始 15min 内每分钟测量一次，以后由于反应物浓度降低使反应速率变慢，测量时间间隔可适当放长（旋光仪中的钠光灯不宜长时间开启，当测量间隔较长时，应关闭灯源以免损坏），从反应开始大约需连续测量 1h。

4. α_∞ 的测量

要使蔗糖完全水解，通常需 48h，为了缩短时间，可把锥形瓶中混合后的剩余液置于 50～60℃水浴内温热 30min，然后冷却至室温，测其旋光度即 α_∞ 值。注意水浴温度不可过高，否则会引起其他副反应使颜色变黄，同时在加热过程中要塞好瓶口以免溶液蒸发影响浓度，造成 α_∞ 的偏差。

由于反应混合液的酸度很大，因此在实验时旋光管一定要擦干后才可放入旋光仪，以免管外沾附的反应液腐蚀旋光仪，实验结束后必须将旋光管洗净。

五、数据记录与处理

1. 将时间 t、α_t、$\alpha_t - \alpha_\infty$、$\ln(\alpha_t - \alpha_\infty)$ 列表。

2. 以 $\ln(\alpha_t - \alpha_\infty)$ 对 t 作图，由直线斜率求出反应速率常数 k，并计算反应的半衰期 $t_{1/2}$。

六、学生设计实验参考

1. 通过了解和比较用无机酸催化与用蔗糖酶催化水解反应的机理以及反应的动力学特征的异同，得出酶催化水解反应的特点，酶催化与酸催化的不同机理、不同的数据处理方法。

2. 了解蔗糖水解酶的制备、提取与保存方法，为实验做准备。

3. 通过查阅文献资料，设计实验方法对所得到的结论进行验证性实验，实验结论与文献值是否一致？特别要善于从文献中查找影响因素和原因。

发扬团队精神，将一个大题目分成几个小题目，每个题目实验内容不得相同，但要相互衔接，每个小题目独立完成实验并写出自己的实验报告，小题目实验数据汇总分析后应能形成一个较完整的结论，并写出完整的科学实验报告。小题目举例：①蔗糖酶的提取与保存；②酶活性的测定及表征；③定温下无机酸与蔗糖酶水解蔗糖的速率常数与半衰期的比较；④反应活化能的测定等。

七、思考与讨论

1. 实验时，用蒸馏水来校正旋光仪的零点，蔗糖转化过程中所测的旋光度 α_t 是否需要作零点校正？为什么？

2. 为什么配制蔗糖溶液可用天平粗称？

3. 在将蔗糖溶液和 HCl 溶液混合时，是将 HCl 溶液加到蔗糖溶液中，是否可把蔗糖溶液加到 HCl 溶液中去？为什么？

实验十五 二级反应——乙酸乙酯皂化

一、目的要求

1. 熟悉电导率仪的使用方法，了解测定化学反应速率常数的一种物理方法——电导法。
2. 了解测定反应活化能的实验方法及二级反应的特点，学会用图解法求二级反应的速率常数。

二、实验原理

乙酸乙酯皂化是二级反应，其反应式为：

$$CH_3COOC_2H_5 + NaOH \longrightarrow CH_3COONa + C_2H_5OH$$

在反应过程中，各物质的浓度随时间而改变，不同反应时间的反应物的浓度可用化学分析法测定（如用标准酸滴定 OH^-），也可用物理方法测定（测量电导），本实验用电导法测定。

为了处理问题方便，在设计这个实验时将反应物 $CH_3COOC_2H_5$ 和 NaOH 取相同的初浓度 c_{A_0} 作为起始浓度，且整个反应系统在稀释的水溶液中进行，故 CH_3COONa 可认为是全部电离的。

$$CH_3COOC_2H_5 + NaOH \longrightarrow CHCOONa + C_2H_5OH$$

$t=0$ 时	c_{A_0}	c_{A_0}	0	0
$t=t$ 时	c_A	c_A	$c_{A_0}-c_A$	$c_{A_0}-c_A$
$t=\infty$	0	0	c_{A_0}	c_{A_0}

如反应为二级，则：

$$-\frac{dc_A}{dt}=kc_A^2 \tag{15-1}$$

式中 k——反应速率常数。

将上式积分得：

$$kt=\frac{1}{c_A}-\frac{1}{c_{A_0}} \tag{15-2}$$

从式(15-2) 可看出，c_{A_0} 已知，只要测出 t 时刻 c_A 值，就可算出反应速率常数 k 值。本实验通过测定溶液的电导率 κ 来求算 c_A 值的变化。此法的依据如下。

(1) 对上述反应来说，只有 NaOH 和 CH_3COONa 是强电解质。溶液中 OH^- 的电导率比 CH_3COO^- 的电导率大得多。随着反应的进行，Na^+ 浓度不变，OH^- 浓度不断减少，CH_3COO^- 的浓度不断增加，故溶液的电导率不断下降。

(2) 在稀溶液中，每种强电解质的电导率与其浓度成正比，溶液的总电导率就等于系统中各电解质的电导率之和，所以：

$$t=0 \text{ 时} \quad \kappa_0=A_1c_{A_0} \tag{15-3}$$

$$t=\infty \text{时} \quad \kappa_\infty=A_2c_{A_0} \tag{15-4}$$

$$t=t \text{ 时} \quad \kappa_t=A_1c_A+A_2(c_{A_0}-c_A) \tag{15-5}$$

式中 A_1，A_2——比例常数；

κ_0, κ_∞——反应开始和终了时溶液的总电导率（此两种情况均只有一种电解质）；

κ_t——反应进行到 t 时刻时溶液的总电导率。

由式(15-3)～式(15-5) 可得：

$$c_{A_0}=\frac{\kappa_0-\kappa_\infty}{A_1-A_2}=A(\kappa_0-\kappa_\infty), \quad c_A=A(\kappa_t-\kappa_\infty), \quad c_{A_0}-c_A=A(\kappa_0-\kappa_t)$$

将后两个式子代入式(15-2) 有 $ktc_{A_0}=\dfrac{\kappa_0-\kappa_t}{\kappa_t-\kappa_\infty}$ （15-6）

从式(15-6) 可知，只要测定 κ_0、κ_∞ 以及不同时间 t 的 κ_t 值，作 $\dfrac{\kappa_0-\kappa_t}{\kappa_t-\kappa_\infty}$-$t$ 图，如为一条直线，即为二级反应，直线斜率 $m=kc_{A0}$，$k=\dfrac{m}{c_{A_0}}$。

由两个不同温度下测出的速率常数 k_1、k_2 值，据阿仑尼乌斯经验公式的定积分形式：

$$\ln\frac{k_2}{k_1}=\frac{E_a}{R}\left(\frac{1}{T_1}-\frac{1}{T_2}\right)$$

即可求出活化能 E_a。

三、仪器和试剂

DDS-11 型电导率仪 1 台；秒表 1 个；电导电极 1 支；玻璃恒温水浴 1 套；移液管（25mL）2 支；容量瓶（50mL）1 个；烧杯（50mL）2 个；大试管 4 支；滴管 1 支；洗耳球 1 个；玻璃仪器气流烘干器 1 台；NaOH（0.0200mol/L）、CH$_3$COONa（0.0100mol/L）、CH$_3$COOC$_2$H$_5$（0.0200mol/L）均为新鲜配制。

四、实验步骤

1. 打开恒温水浴的搅拌、加热开关。打开数字恒温控制器开关，设定"回差"为 0.1，设定恒温温度为 30℃或 35℃。

2. 配制样品。将 4 只大试管用蒸馏水洗净，在气流干燥器上烘干。

（1）在 1 号试管中倒入适量的 0.01mol/L 的 NaAc 溶液，液面约至试管的三分之二处。将电导电极用蒸馏水淋洗，再用滤纸吸干后插入试管中，将试管放入恒温槽。

（2）用移液管取 25mL 0.02mol/L 的 NaOH 溶液于 50mL 的容量瓶中并加蒸馏水稀释到刻度，之后将溶液倒入 2 号试管中，盖上塞子放入恒温槽。

（3）分别用移液管取 25mL 0.02mol/L 的乙酸乙酯溶液及 NaOH 溶液加入 3 号试管及 4 号试管中，盖上塞子。4 支试管恒温槽中恒温 10min。

3. 打开电导率仪开关预热，功能按键选择"实际测量"和"高周"，均为弹开位置，调节"量程选择"旋钮至最大量程挡即 10^5 挡。按下"切换"键，将液晶屏幕切换到设置电极常数界面，在此界面下按"移位"键，使光标移动至所需设定位置，再按下"增加"键，使该位电极常数值与所用电极的电极常数值一致，照此法操作直至显示的电极常数每位数值与所用的电极的电极常数一致，再按一次"切换"键，结束设置。

4. 测定 κ_∞ 和 κ_0。恒温时间到了之后，调节量程挡为 10^3，读出液晶显示屏读数，即为 κ_∞。然后取出电极用蒸馏水淋洗，再用滤纸吸干后插入 2 号试管中，液晶显示屏读数即为 κ_0。

5. 测定 κ_t。从 2 号试管中取出电极，用蒸馏水淋洗，再用滤纸吸干备用，将 3 号试管溶液迅速倒入 4 号试管中混合，同时按下秒表计时，再将电极插入 4 号试管中，在秒表计时到 3min 时读一次液晶显示屏读数即为电导率 κ_t，以后每隔 3min 读一次，共测 6 个 κ_t。

6. 将恒温槽的温度升高 5℃，1 号及 2 号试管留在恒温水槽中，3 号及 4 号试管拿出倒掉溶液，用蒸馏水洗净烘干，分别用移液管取 25mL 0.02mol/L 的乙酸乙酯溶液及 NaOH 溶液加入 3 号试管及 4 号试管中，盖上塞子。4 只试管在恒温槽中恒温 10min，重复步骤 4、5，测定第二个温度的 κ_∞ 和 κ_0 及 κ_t。

五、数据记录与处理

1. 将 t、κ_t、$\kappa_0 - \kappa_t$、$\kappa_t - \kappa_\infty$、$\dfrac{\kappa_0 - \kappa_t}{\kappa_t - \kappa_\infty}$ 列成数据表。

2. 以 $\dfrac{\kappa_0 - \kappa_t}{\kappa_t - \kappa_\infty}$ 对 t 作图，得一条直线，由直线斜率算出反应速率常数 k。

3. 按阿仑尼乌斯公式 $\ln \dfrac{k_2}{k_1} = \dfrac{E_a}{R}\left(\dfrac{1}{T_1} - \dfrac{1}{T_2}\right)$ 计算反应的活化能 E_a（式中，k_1、k_2 分别为 T_1、T_2 测得的反应速率常数）。

六、思考与讨论

1. 本实验为何要在恒温条件下进行？而且 $CH_3COOC_2H_5$ 和 NaOH 溶液在混合前还要预先恒温？

2. 如何从实验结果来验证乙酸乙酯反应为二级反应？

实验十六 用最大气泡法测定液体的表面张力

一、目的要求

1. 了解用最大气泡法测定液体的表面张力的原理及操作方法。
2. 通过测定不同浓度乙醇水溶液的表面张力，求出其表面吸附量及乙醇分子的横截面积。

二、实验原理

当液体中加入某种溶质时，液体的表面张力就会升高或降低，对同一溶质来说，其变化的多少随着溶液浓度不同而异。当溶质能降低液体的表面张力时，表面层中溶质的浓度应比溶液本体大。反之，溶质能使液体表面张力升高时，它在表面层中的浓度比在溶液本体低。这种表面浓度与溶液本体浓度不同的现象叫"吸附"。显然，在指定温度和压力下，吸附与溶液的表面张力及溶液的浓度有关。

1878 年吉布斯用热力学的方法推导出它们间的关系式为：

$$\Gamma = -\frac{c}{RT} \times \frac{\mathrm{d}\sigma}{\mathrm{d}c} \tag{16-1}$$

式中 c——溶质在溶液本体中的平衡浓度，mol/m^3；

σ——溶液的表面张力，N/m；

Γ——溶质在单位面积表面层中的吸附量，mol/m^2。

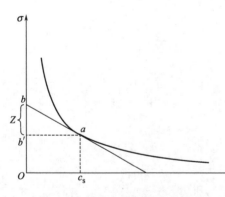

图 16-1 浓度与表面张力的关系

乙醇是一种表面活性物质，在一定温度下，其水溶液的 $\sigma\text{-}c$ 关系如图 16-1 所示，在曲线上取一点 a，过 a 点作曲线的切线和平行横坐标的直线分别交于纵轴 b、b' 点。

令 $$\frac{\mathrm{d}\sigma}{\mathrm{d}c} = \frac{b-b'}{0-c} = \frac{-Z}{c} \tag{16-2}$$

如浓度 c 换成质量分数，等式仍然成立。将式(16-2) 代入式(16-1) 有：

$$\Gamma = -\frac{c}{RT} \times \frac{\mathrm{d}\sigma}{\mathrm{d}c} = \frac{Z}{RT} \tag{16-3}$$

取曲线上不同 c（或质量分数）处的点，就可得到不同的 Z 值，进而可求得不同浓度时气液界面上的吸附量 Γ。

朗格缪尔提出 Γ 与 c 的关系：

$$\Gamma = \Gamma_\infty \frac{K'c}{1+K'c} \tag{16-4}$$

式中 Γ_∞——饱和吸附量；

K'——常数。

将式(16-4) 化为直线方程，则：

$$\frac{c}{\Gamma} = \frac{c}{\Gamma_\infty} + \frac{1}{K'\Gamma_\infty} \tag{16-5}$$

若以 c/Γ 对 c 作图，所得直线的斜率的倒数即为 Γ_∞，假设在饱和吸附情况下，乙醇分子在界面上铺满一层单分子层，即求得乙醇的横截面积：

$$A_s = \frac{1}{\Gamma_\infty L} \tag{16-6}$$

式中，L 为阿伏伽德罗常数。

测定表面张力的方法很多，本实验采用最大气泡法，装置如图 16-2 所示。将毛细管端面与液面相切，液面即沿毛细管上升，打开抽气瓶活塞，让水缓慢流下，使毛细管内溶液受到的压力比样品管中液面上的稍大，气泡就从毛细管口逸出，这一压差可由精密压力计读出。

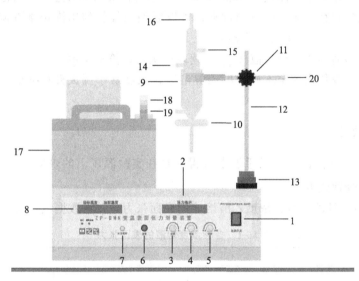

图 16-2 实验装置

1—电源开关；2—压力指示窗口；3—压源开关；4—压力调节；5—调整/测量；6—压力置零；

7—水浴调速；8—温度窗口；9—表面张力管；10—液面调节；11—十字架旋钮；12—支架杆；

13—支架底座；14—循环出水；15—大气孔；16—毛细管加压口；

17—水浴箱；18—水浴出水；19—水浴进水；20—冷凝夹

如图 16-2 所示为最大气泡法测定表面张力的装置。设毛细管半径为 r，气泡由毛细管逸出时总作用力为 $\pi r^2 p_{最大}$，而 $p_{最大} = p_{大气} - p_{系统}$。

气泡在毛细管口受到表面张力引起的作用力为 $2\pi r\sigma$。当气泡逸出时，上述两压力相等。

$$\pi r^2 p_{最大} = 2\pi r\sigma$$

如将表面张力为 σ_1、σ_2 的两种液体，采用同一支毛细管和压差计，分别测定其最大压差，则有

$$\frac{\sigma_1}{\sigma_2} = \frac{p_{最大1}}{p_{最大2}} \qquad \sigma_2 = \frac{p_{最大2}}{p_{最大1}}\sigma_1 = Kp_{最大2} \tag{16-7}$$

式中 K——毛细管常数，$K = \sigma_1/p_{最大1}$。

由已知表面张力 σ_1 的液体（本实验为 H_2O）为标准，通过式(16-7) 可求出其他液体的表面张力 σ_2。

三、仪器和试剂

最大气泡表面张力测定仪一套;烧杯(250mL)1 个;温度计(0～100℃)1 个;试剂瓶 8 只;无水乙醇(A.R.);吸管 9 支;试管架 1 个;试管 9 支。

四、操作步骤

1. 打开电源。连接好毛细管及硅胶管至仪器后面板的压力出嘴口(已连接好)。

2. 用蒸馏水清洗样品管两次,然后放入蒸馏水约 5mL 倒管中,再插入毛细管。

3. 缓慢调整表面张力管下部的放液阀直到毛细管与管中液面刚好相切。

4. 把仪器前面板中的"压源"钮置于"开","调压"钮置于"小","切换"钮置于"零点",按下置零键,此时前面板显示屏显示为"00000Pa"。

5. 把"切换"钮置于"测量",此时观察到毛细管在液面部有连续的气泡出现。

6. 将"调压"钮往"大"的方向调整,可以看到毛细管的出泡速度在降低,直至出泡在合适的速度(约 2～3s 左右出一个泡)。

7. 记录下出泡时的压力最大值 $p_{最大}$,读取三次,计算平均值。

8. 按照以上步骤依次测定不同浓度乙醇溶液,浓度从小到大开始测试。停止测试后将试剂倒入回收瓶。

五、数据处理

1. 根据所测水的 $p_{最大}$ 值以及手册上查得的水在实验温度下的表面张力,由 $K = \alpha_{H_2O}/p_{最大}$ 计算出毛细管常数 K。

2. 按式(16-7)计算出各种浓度乙醇溶液的表面张力,并将数据填入表 16-1。

表 16-1　各种浓度溶液的表面张力

编　号	c	p	σ

3. 作 σ-c 图(横坐标的浓度从零开始),拟合出方程 $\sigma = f(c)$,求出其导数方程。

4. 在 σ-c 曲线上任选(浓度 5%～30% 为宜)8 个浓度点,根据导数方程求出 Z 和 Γ,见表 16-2。

表 16-2　σ-c 任选 8 个点的数据记录

Z	Γ	c	c/Γ

5. 作出 c/Γ-c 图,由直线斜率求出 Γ_∞,进而计算乙醇的横截面积 $A_s = 1/(\Gamma_\infty L)$。

六、学生设计实验参考

表面活性剂是指那些可明显降低水的表面张力,具有两亲性质的有机化合物;表面活性剂分为离子型、非离子型、两性表面活性剂;在表面活性剂溶液中,当浓度增大到一定值时,表面活性剂离子或分子将会发生缔合,形成胶束,某表面活性剂溶液开始形成胶束的浓度,称为表面活性剂临界胶束浓度,简称 CMC。由于表面活性剂溶液的物理化学性质随着胶束的形成而发生突变,所以 CMC 是表面活性剂的一个重要特性,是其表面活性大小的一个量度。测定 CMC，掌握影响 CMC 的因素，对于深入了解表面活性剂的物理化学性质是至关重要的。

分别选择测定各种阴离子型表面活性剂（如油酸皂、松香皂、十二烷基磺酸钠、十二烷基苯磺酸钠）和非离子型表面活性剂（如 OP、Tween 等）的浓度与表面张力的关系，求 CMC 值，对表面活性剂进行复配和添加各种助剂，考查其对 CMC、去污能力、抗硬水能力、电导率的影响。

完成实验后写出论文并交流。

七、思考与讨论

1. 本实验中如果毛细管或试管不洁净，对实验结果有什么影响？

2. 实验中为什么每次都必须使毛细管的下端刚好与液面接触，而不能离开液面或插入液体中呢？

3. 如果气泡从毛细管下端逸出的频率较快，对实验有无影响？如果气泡不是平稳地逸出又如何？

4. 为什么测定表面张力必须恒温，在测定中应注意什么？

附：DP-AW 精密数字压力计使用方法

1. 前面板按键说明

(1)"单位"键

接通电源，初始状态 kPa 指示灯亮，LED 显示以 kPa 为计量单位的压力值；按一下"单位"键"mmH₂O"或"mmHg"指示灯亮，LED 显示以"mmHg"或"mmH₂O"为计量单位的压力值。

(2)"采零"键

在测试前必须按一下"采零"键，使仪器自动扣除传感器零压力值（零点漂移），LED 显示为"0000"，保证测试时显示值为被测介质的实际压力值。

(3)"复位"键

按下此键，可重新启动 CPU，仪表即可返回初始状态。一般用于死机时，在正常测试中，不需按下此键。

2. 预压及气密性检查

缓慢加压至满量程，观察数字压力表显示值变化情况，若 1min 内显示值稳定，说明传感器及检测系统无泄漏。确认无泄漏后，泄压至零，并在全量程反复预压 2～3 次，方可正式测试。

3. 采零

泄压至零，使压力传感器通大气，按一下"采零"键，此时 LED 显示"0000"，以消除仪表的零点漂移。每次测试前都必须进行采零操作，以保证所测压力值的准确度。

4. 测试

仪表采零后接通被测量系统，此时仪表显示被测系统的压力值。

5. 关机

实验完毕，先将被测系统泄压后，再关掉电源开关。

注意：实验过程中，橡胶塞、玻璃仪器的各种塞子和开关都要塞紧。

实验十七　胶体的制备及电泳速度的测定

一、目的要求

1. 用化学凝聚法制备 $Fe(OH)_3$ 溶胶。
2. 观察溶胶的电泳现象，掌握用电泳法测定胶粒的电泳速度及电位。
3. 了解电解质及高分子溶液对溶胶稳定性的影响。

二、实验原理

1. 溶胶的制备方法

溶胶的制备方法很多，常用的有化学凝聚法和胶溶法。胶溶法是在新制备的沉淀中加入与沉淀具有相同离子的电解质，进行搅拌，制备溶胶。所加入的电解质叫做分散剂或稳定剂，例如制备 $Fe(OH)_3$ 溶胶时，在 $FeCl_3$ 中加入 NH_4OH 制备 $Fe(OH)_3$ 沉淀，在洗涤后的新鲜沉淀中加入 $FeCl_3$ 作分散剂，加热搅拌，即得 $Fe(OH)_3$ 溶胶，反应式如下：

$$FeCl_3 + 3NH_4OH = Fe(OH)_3 + 3NH_4Cl$$

$$2Fe(OH)_3 + FeCl_3 = 3FeOCl（铁酰氯）+ 3H_2O$$

$$nFeOCl = nFeO^+ + nCl^-$$

$$[Fe(OH)_3] + nFeO^+ + nCl^- = \{[Fe(OH)_3] \cdot nFeO^+ \cdot (n-x)Cl^-\}^{x+} \cdot xCl^-$$

制备溶胶时加 NH_4OH 不要搅拌，同时 NH_4OH 必须过量。

$Fe(OH)_3$ 溶胶也可用化学凝聚法制备，方法是直接用 $FeCl_3$ 在沸水中水解，水解制备的溶胶需经长时间的渗析，才能用于测定 ζ 电位。而本实验采用的胶溶法，速度快，溶胶稳定；缺点是若条件控制不当，有时会导致颗粒过大。

氯化铁在水溶液中水解生成红棕色的 $Fe(OH)_3$ 溶胶。

$$FeCl_3 + 3H_2O = Fe(OH)_3 + 3HCl$$

溶胶表面的 $Fe(OH)_3$ 再与 HCl 反应：

$$Fe(OH)_3 + HCl = FeOCl + 2H_2O$$

$FeOCl$ 解离成为 FeO^+ 和 Cl^-，胶体结构大概为：

$$\{[Fe(OH)_3]_n \cdot mFeO^+ \cdot (m-x)Cl^-\}^{x+} \cdot xCl^-$$

$Fe(OH)_3$ 溶胶是典型的带正电溶胶，采用半透膜渗析法分离过量的电解质，可获得比较纯净的 $Fe(OH)_3$ 溶胶。

2. 界面移动法测定电泳速度

实验装置如图 17-1 所示，高压数显稳压电源前面板如图 17-2 所示。

U 形管活塞下部装有颜色的 $Fe(OH)_3$ 溶胶，上部装少量的 KCl 溶液，KCl 溶液层中插入两电极，在外电场作用下，带电胶粒将向异性电极运动，一段时间后发现，阴极部棕红色界面上升而阳极部下降。ζ 电势可根据下面公式计算：

$$\zeta = \frac{4\pi\eta u}{\varepsilon E} \times 300^2$$

$$E = \frac{U}{L}$$

式中 E——电势梯度；

$\quad\quad U$——外加电压，V；

$\quad\quad L$——两极间距离，cm；

$\quad\quad \varepsilon$——介质的介电常数，介质为水时 $\varepsilon = 81$；

$\quad\quad \eta$——水的黏度，mPa·s；

$\quad\quad u$——电泳速度，cm/s。

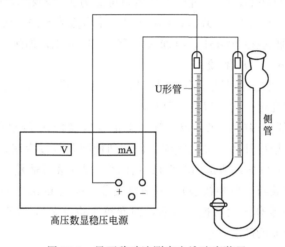

图 17-1 界面移动法测定电泳速度装置

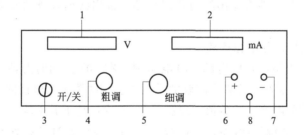

图 17-2 高压数显稳压电源前面板示意

1—电压显示窗口（显示输出的实际电压）；2—电流显示窗口（显示输出的实际电流）；

3—电源开关；4—粗调旋钮（粗略调节所需电压）；5—细调旋钮（精确调节所需电压）；

6—正极接线柱（负载的正极接入处）；7—负极接线柱

（负载的负极接入处）；8—接地接线柱

3. **憎液溶胶**

憎液溶胶是热力学不稳定的体系，适量的电解质对憎液溶胶起稳定作用，但若加入的电解质过量，往往会使溶胶发生聚沉，外加电解质中电性与胶粒相反的离子（称反离子）对溶胶的聚沉起主要作用，反离子的价数越大，聚沉能力也越大。向憎液溶胶中加入适量的高分子溶液，能在胶粒周围形成一层高分子保护膜，能显著提高溶胶的稳定性，这叫做高分子溶液对溶胶的保护作用。

三、仪器和试剂

DYJ-3 型电泳仪（附铂电极）1 套；WYJ-G 稳压电源 1 台；电导仪 1 台；铁架台 1 个；50mL、250mL 烧杯各 1 个；25mL、100mL 量筒各 1 个；1mL、2mL、5mL 移液管各 1 支；玻璃漏斗 1 个；秒表 1 个；小试管 5 支；滴管 3 支；10％ $FeCl_3$；10％ NH_4OH；0.15％ KCl；2mol/L $NaCl$；0.025mol/L Na_2SO_4；0.5％白明胶。

四、实验步骤

1. 胶溶法制备 $Fe(OH)_3$ 溶胶。在 250mL 烧杯中加入 20mL 10％$FeCl_3$ 溶液，加 80mL 水稀释，用滴管加入 10％NH_4OH，直至不产生新沉淀为止（若看不清，可吸上层清液置于表面皿上试验）；再过量加入 NH_4OH 数滴，过滤，并用蒸馏水洗涤沉淀 4 次；然后将沉淀移至 250mL 烧杯中，加 H_2O 100mL，再加入 10％$FeCl_3$ 5mL，加热至微沸，同时搅拌，至沉淀完全消失，即为 $Fe(OH)_3$ 溶胶。

2. 用洗液和蒸馏水把电泳仪洗干净，然后取出活塞，烘干。在活塞上涂上一层薄薄的凡士林，凡士林最好离孔远一些，以免弄脏溶液。

3. 关紧 U 形电泳仪下端的活塞，用滴管顺着侧管管壁加入 $Fe(OH)_3$ 溶胶（注意：若发现有气泡逸出，可慢慢旋开活塞放出气泡，但切勿使溶胶流过活塞，气泡放出后立即关闭活塞）。再从 U 形管的上口加入适量的辅助液（注意：辅助液要适量，过多会影响电泳距离的测量，过少则会使溶胶与电极相接触），将两电极分别插入 U 形管的辅助液中。

4. 缓慢打开活塞（动作过大会搅混液面，而导致实验重做），使溶胶慢慢上升至适当高度，关闭活塞并记录液面的高度。

5. 将高压数显稳压电源的粗、细调节旋钮逆时针旋到底。

6. 按"＋"、"－"极性将输出线与负载相接，输出线枪式叠插座插入铂电极枪式叠插座尾。

7. 将市电连接到后面板电源插座。

8. 按示意图接好线路，开启电源，将电压调节在 50V。同时开始计时，60min 后关闭电源，记录溶胶界面高度，并计算出溶胶的界面差。用线测出两电极间的距离（注：不是水平距离，而是 U 形管的距离，此数值重复测量 5～6 次，计下其平均值 L）。

9. 实验结束后，先将高压数显稳压电源的粗调节旋钮逆时针旋到底，再将细调节旋钮逆时针旋到底。注意粗调旋钮的调节速度不应过快。

10. 关断电源，断开高压数显稳压电源的负载。

11. 胶体的聚沉：在两个试管中各注入 2mL $Fe(OH)_3$ 溶液，再用小滴管分别加入 2mol/L Na_2SO_4 和 1mol/L Na_2SO_4 溶液，比较当观察到聚沉现象时两电解质的用量各为多少。

12. 高分子溶液对憎液溶胶的保护作用：取三份 1mL $Fe(OH)_3$ 溶胶，分别加入 0.01mL、0.1mL 及 1mL 0.5％白明胶，然后加蒸馏水使三管中液体体积相等，再逐渐在三个试管中加入 0.025mol/L Na_2SO_4，摇动溶液，观察哪个试管先发生聚凝，记录其先后次序。

五、数据记录与处理

1. 从手册查出实验温度下水的黏度 η，根据实验结果确定溶胶粒子带电符号；计算

Fe(OH)$_3$胶粒的电泳速度 u 及 ξ 电势值。

2. 小结讨论外加电解质和高分子溶液对 Fe(OH)$_3$ 溶液稳定性的影响。

六、综合性实验参考

1. 采用化学法制备 Fe(OH)$_3$ 溶胶。

2. 用蛋白质胶体测定其电性。

3. 检验牛奶、豆浆或者稀释的墨水是不是胶体溶液。

七、思考题

1. 在电泳测定中如不用辅助液体，而把电极直接插入溶胶中会发生什么现象？

2. 为什么在新生成的 Fe(OH)$_3$ 沉淀中加入一定量的 FeCl$_3$ 后沉淀会消失？写出反应方程式和胶团结构式。

3. 在电泳实验时能明显地见到胶粒向阴极（或阳极）移动，难于觉察与胶粒带相反电荷的离子的移动，是否胶体溶液的电解性质与电解质溶液的电解性质不同？

实验十八　溶液吸附法测定比表面积

一、目的要求

1. 了解溶液吸附法测定比表面积基本原理，掌握比表面的概念及其计算公式。
2. 掌握用亚甲基蓝水溶液吸附法测定活性炭或硅胶的比表面积。
3. 了解和熟悉分光光度计的原理和使用方法。

二、实验原理

比表面积是指单位质量或单位体积的物质所具有的表面积。测量比表面积的方法很多，有气相色谱法、电子显微镜法、BET 低温吸附法和溶液吸附法。溶液吸附法仪器简单，操作方便，较其他方法实用。该法对吸附质和吸附剂的选择很重要。

亚甲基蓝易溶于热水，呈天然色，在空气中比较稳定，不易受吸附剂酸碱性的影响。其水溶液在可见光区有两个吸收峰（445nm 和 665nm），用可见分光光度计测定吸附前后溶液吸光度的变化。本实验用亚甲基蓝水溶液测定活性炭的比表面积。

根据朗格缪尔单分子层吸附理论，当亚甲基蓝与活性炭达到吸附平衡后，亚甲基蓝分子覆盖整个活性炭粒子的表面。此时单位质量吸附剂吸附的吸附质分子所占的表面积，等于吸附质分子数与每个分子在表面层所占面积的乘积。吸附剂活性炭的比表面积可计算如下：

$$S_0 = \frac{(w_0 - w)m_2}{m_1} \times 2.45 \times 10^5$$

式中　　S_0——比表面，m^2/kg；

　　　　w_0——原始溶液的质量分数，%；

　　　　w——吸附达单层饱和后溶液的质量分数，%；

　　　　m_1——吸附剂活性炭的质量，kg；

　　　　m_2——溶液的加入质量，kg；

2.45×10^5——1kg 亚甲基蓝可覆盖的活性炭的表面积，m^2/kg。

溶液的质量分数可用分光光度计测量，根据光吸收定律，当入射光为一定波长的单色光时，某溶液的吸光度与溶液的浓度及溶液层的厚度成正比，即

$$A = kwL$$

式中　　A——溶液的吸光度；

　　　　k——常数；

　　　　w——溶液的质量分数；

　　　　L——液层厚度。

实验时，先测量一组已知浓度的亚甲基蓝溶液的吸光度，并绘制 A-w 工作曲线，然后测量亚甲基蓝原始溶液和吸附达平衡时溶液的吸光度，在 A-w 工作曲线上查出与其对应的质量分数 w，代入上面计算公式，求出比表面积。

三、仪器和试剂

721 型分光光度计 1 套；康氏振荡器 1 台；1000mL 容量瓶 2 个；100mL 容量瓶 5 个；200mL 锥形瓶 2 个；离心机 1 台；台秤 1 台（0.1g）；亚甲基蓝溶液：0.2％左右的原始溶液，0.01％左右的标准溶液；颗粒状活性炭。

四、实验步骤

1. 样品的活化

将颗粒状的活性炭置于坩埚中，放入真空烘箱内，300℃下活化 1h 后，置于干燥器中备用。

2. 亚甲基蓝溶液的吸附

取 200mL 锥形瓶 2 个，准确称取已活化的活性炭颗粒 2 质量份，约 $0.15 \times 10^{-3} kg$，放入锥形瓶内。再加入 0.2％左右的亚甲基蓝原始溶液 $60 \times 10^{-3} kg$，塞上包有锡纸的软木塞，在康氏振荡器上振荡 3～5h。

3. 配制亚甲基蓝标准溶液

用台秤分别称取 0.01％左右的亚甲基蓝标准溶液 $4 \times 10^{-3} kg$、$6 \times 10^{-3} kg$、$8 \times 10^{-3} kg$、$10 \times 10^{-3} kg$、$12 \times 10^{-3} kg$ 分别置于 5 个 100mL 容量瓶中，用蒸馏水稀释至刻度，即得质量分数为 4×10^{-6}、6×10^{-6}、8×10^{-6}、10×10^{-6}、12×10^{-6} 的亚甲基蓝标准溶液。

4. 亚甲基蓝原始溶液的稀释

为了准确测定亚甲基蓝原始溶液的浓度，在台秤上称取 0.2％左右的亚甲基蓝原始溶液 $5 \times 10^{-3} kg$ 放入 1000mL 容量瓶中，稀释至刻度。

5. 工作波长的选取

用 6×10^{-6} 的亚甲基蓝标准溶液在 550～770nm 范围内测量吸光度，以吸光度最大时的波长作为工作波长。

6. 平衡溶液的处理

样品振荡 3～5h 后，将锥形瓶取下。取平衡液 10mL 放入离心试管中，离心 10min，取 $5 \times 10^{-3} kg$ 澄清液放入 1000mL 容量瓶中，稀释至刻度。

7. 测量吸光度

以蒸馏水为空白液，分别测量质量分数为 4×10^{-6}、6×10^{-6}、8×10^{-6}、10×10^{-6}、12×10^{-6} 的亚甲基蓝标准溶液的吸光度及稀释后的原始溶液和平衡溶液的吸光度。

注意事项：
① 亚甲基蓝标准溶液的浓度要准确配制；
② 活性炭的颗粒要均匀，且两份质量要接近；
③ 振荡要达到饱和吸附的时间，一般要大于 3h。

五、实验记录与数据处理

1. 以吸光度 A 对 w 作图，得 A-w 工作曲线。

2. 求亚甲基蓝原始溶液的质量分数 w_0 和平衡溶液的质量分数 w。从 A-w 工作曲线上查得与测得 A 相对的质量分数 w，然后乘以稀释倍数 200，即得 w_0 和 w。

3. 计算比表面积。

室温：_____ ℃；大气压：_____ kPa

编 号	活性炭质量 m_1/kg	亚甲基蓝浓度						溶液加入质量 m_2/kg	比表面 S_0 /(m²/kg)
		原始溶液			吸附平衡溶液				
		稀释后		w_0/%	稀释后		w/%		
		吸光度	浓度		吸光度	浓度			
1									
2									

亚甲基蓝溶液的浓度/×10⁻⁶	4	6	8	10	12
吸光度					

六、思考题

1. 用分光光度计测亚甲基蓝溶液的浓度时，为什么还要将溶液的浓度稀释到 10^{-6} 数量级才进行测量？

2. 比表面积的测定与温度、吸附质的浓度及吸附时间等有什么关系？

实验十九　差热-热重分析

一、目的要求

1. 掌握差热-热重分析的原理，了解 STA-409PC 综合热分析仪的工作原理，学会使用 STA-409PC 综合热分析仪。

2. 用综合热分析仪测定 CaC_2O_4 的差热-热重曲线。依据差热-热重曲线解析样品的差热-热重过程。

二、实验原理

1. 差热（DTA）

物质在受热或冷却过程中，当达到某一温度时，往往会发生熔化、凝固、晶型转变、分解、化合、吸附、脱附等物理或化学变化，并伴随有焓的改变，因而产生热效应，其表现为物质与环境（样品与参比物）之间有温度差。差热分析（简称 DTA）就是通过温差测量来确定物质的物理化学性质的一种热分析方法。

差热分析是把试样与参比物质（参比物质在整个实验温度范围内不应该有任何热效应，其热导率、比热容等物理参数尽可能与试样相同，亦称惰性物质或标准物质或中性物质）置于差热电偶的热端所对应的两个样品座内，在同一温度场中加热。当试样加热过程中产生吸热或放热效应时，试样的温度就会低于或高于参比物质的温度，差热电偶的冷端就会输出相应的差热电势。如果试样加热过程中无热效应产生，则差热电势为零。通过检流计偏转与否来检测差热电势的正负，就可推知是吸热或放热效应。在与参比物质对应的热电偶的冷端连接上温度指示装置，就可检测出物质发生物理化学变化时所对应的温度。

不同的物质，产生热效应的温度范围不同，差热曲线的形状亦不相同。把试样的差热曲线与相同实验条件下的已知物质的差热曲线作比较，就可以定性地确定试样的组成。差热曲线的峰（谷）面积的大小与热效应的大小相对应，根据热效应的大小，可对试样作定量估计。

2. 热重法（TG）

物质受热时，在发生某些物理化学变化时，质量也就随之改变，测定物质质量的变化就可研究其变化过程。热重法（TG）是在程序控制温度下，测量物质质量与温度关系的一种技术。热重法实验得到的曲线称为热重曲线（即 TG 曲线）。TG 曲线以质量作纵坐标，从上向下表示质量减少；以温度（或时间）为横坐标，自左至右表示温度（或时间）增加。

热重法的主要特点是定量性强，能准确地测量物质的变化及变化的速率。热重法的实验结果与实验条件有关。

差热分析仪（STA-409P 综合热分析仪）的原理如图 19-1 所示。它包括带有控温装置的加热炉、放置样品和参比物的坩埚、用以盛放坩埚并使其温度均匀的保持器、测温热电偶、差热信号放大器和记录仪。STA409-PC 综合热分析仪器是具有计算机处理系统的差热-

热重联用的综合热分析仪。它是在程序温度（等速升降温、恒温和循环）控制下，测量物质热的物理化学性质的分析仪器。常用于测定物质的熔融、相变、分解、化合、凝固、玻璃化温度、脱水、蒸发、升华等指标，是国防、科研、大专院校、工矿企业等单位研究不同温度下物质性质的重要手段。

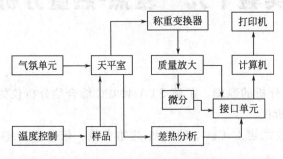

图 19-1　差热分析仪的原理

仪器的天平测量系统采用高精度、高灵敏度的电子称量；差热信号的测量通过样品支架实现，使用点状平板热电偶，四孔氧化铝杆做吊杆，细软的导线作差热输出信号的引线。测试时将参比物（α-氧化铝粉）与试样分别放在两个坩埚内，加热炉以一定速率升温，若试样没有热反应，则它与参比物的温差为零；若试样在某一温度范围有吸热（或放热）反应，则试样温度将停止（或加快）上升，与参比物间产生温差，把温差的热电势放大后经计算机实时采集，可得差热的峰形曲线。

STA-409PC 综合热分析仪由热天平、加热炉、冷却风扇、计算机控温单元、天平放大单元、微分单元、差热单元、接口单元、气氛控制单元和计算机等组成。

三、仪器和试剂

STA-409PC 综合热分析仪 1 套；电子天平（精度 0.00001g）；$CaC_2O_4 \cdot H_2O$（A. R.）或 $CuSO_4 \cdot 5H_2O$（A. R.）。

四、实验步骤

1. 准备工作

提前 1h 检查恒温水浴的水位（保持液面低于顶面 2cm），建议使用去离子水或蒸馏水；打开电源开关启动运行，设定的温度值应比环境温度高约 3℃，同时注意有无漏水现象，过滤器脏时要及时清洗。

2. 开机

依次打开电源开关、显示器、计算机主机、仪器测量单元、炉子电源；确定实验用的气体（推荐使用惰性气体，如氮气），调节低压输出压力为 0.05～0.2MPa（不能大于 0.5MPa），手动测试气路的通畅，并调节好相应的流量。

3. 样品测试

确定样品在高、低温下无强氧化性、还原性（如高温下有单质砷、硫、硅、碳等挥发出来的样品不可放入），选择适用的坩埚（Al_2O_3），在计算机上打开对应的 STA409 测量软件，待自检通过后，检查仪器设置，确认支架类型（DTA 支架），坩埚的类型（Al_2O_3）；将炉子升起，放入空坩埚，观察炉口与支架的相对位置有无异常后，方可下降炉子；按照工艺要求，新建一个基线文件（此时不用称重）编程运行；待程序正常结束冷却后，打开炉子取出坩埚（同样要注意支架的中心位置），将样品平整放入后（以不超过 1/3 容积约 5～15mg 为好）称重，然后打开基线文件，选择基线加样品的测量模式，编程运行，注意在温度段中仅能更改原程序的结束温度值，即倒数第二步，小于或等于原值；若原有的基线文件适用，可直接将其打开，选择样品加基线模式编程运行。

4. 结果分析

程序正常结束后会自动存储，可打开分析软件包（或在测试中运行实时分析）对结果进行数据处理，处理完后将保存为另一种类型的文件在另一目录中。

5. 关机

待样品温度降至200℃以下时方可升起炉子，拿出两个坩埚，将炉子关闭；不使用仪器时正常关机顺序依次为：关闭软件，退出操作系统，关计算机主机、显示器、仪器控制器、炉子电源；关闭恒温水浴面板上的电源开关；关闭使用气瓶的高压总阀，低压阀可不必关；清洁仪器台面，当发现支架上有脏东西时，不要自行清理，发现有样品碎屑掉入炉腔时，不可用任何工具吸或吹，请及时通知管理人员；实验完毕后，填写大型仪器设备登记记录。

五、数据处理及讨论

调入所存文件，分别做热重数据处理和差热数据处理。选定每个台阶或峰的起止位置，可求算出各个反应阶段的 TG 失重百分比、失重始温、终温、失重速率最大点温度和 DTA 的峰面积热焓、峰起始点、外推始点、峰顶温度、终点温度、玻璃化温度等。并对结果进行讨论。

注意事项如下。

（1）选择适当的参数。不同的样品，因其性质不同，操作参数和温控程序应做相应调整。

本实验参数设定如下。

① 支架：DTA/TG。

② 坩埚：Al_2O_3 坩埚。

③ 气氛单元氮气钢瓶输出压力为 0.2MPa，流量 30～40mL/min。

④ 温控程序参数：$CaC_2O_4 \cdot H_2O$ 的起始温度 0℃；终止温度 1000℃；升温速率 10℃/min；保持 50min 1000℃。

$CuSO_4 \cdot 5H_2O$ 的起始温度 0℃；终止温度 500℃；升温速率 10℃/min。

（2）样品取量要适当，样品量太大，会使 TG 曲线偏离。

（3）使用温度在 500℃以上，一定要使用气氛，以减少天平误差。实验过程中，气流要保持稳定。

（4）坩埚轻拿轻放。

六、思考题

1. 依据失重百分比，推断反应方程式。

2. 影响差热分析的主要因素有哪些？

3. 为什么要控制升温速度？升温过快有何后果？

实验二十 差热分析法测定氨基酸热分解动力学参数

一、目的要求

1. 熟悉差热分析法测定固体药物热分解动力学的基本原理与方法。
2. 掌握差热曲线的分析与处理方法。

二、实验原理

差热分析（Differential Thermal Analysis，DTA）是在程序控温下，测量样品和参比物之间的温度差与温度（或时间）关系的一种技术。

差热分析的测量原理如图 20-1 所示。

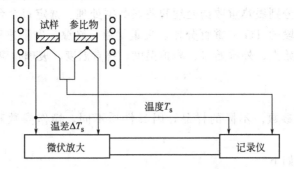

图 20-1　差热分析测量原理示意

测定时将试样与参比物（常用 $\alpha\text{-Al}_2\text{O}_3$）分别放在两个坩埚里再置于加热炉中的支持器上（底部各装有一对热电偶，并反向连接），然后使加热炉按一定速率升温。若试样在升温过程中不发生热效应，则其与参比物之间的温差 $\Delta T = 0$，差示热电偶无信号输出；当试样温度上升到某一温度而发生热效应时，试样温度与参比物温度不相等，即 $\Delta T \neq 0$，此时差示热电偶有信号输出。由记录仪记录的温差随温度或时间变化的曲线称为差热分析曲线或 DTA 曲线。根据国际热分析协会（International Confederation for Thermal Analysis，ICTA）规定，DTA 曲线放热峰向上，吸热峰向下，如图 20-2 所示为一典型的 DTA 曲线。

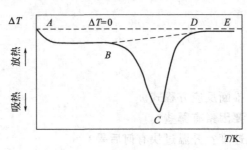

图 20-2　典型的 DTA 曲线

　　DTA 法测定固体热分解反应动力学参数，其数据处理方法已有不少文献报道，本实验采用 Kissinger 提出的多重扫描速率法，即在不同的升温速率下所得到的多条 DTA 曲线进行动力学分析的方法。

　　对于一个热分解反应，其动力学方程一般可表示为下列通式：

$$\frac{\mathrm{d}\alpha}{\mathrm{d}t}=A(1-\alpha)^n \mathrm{e}^{-\frac{E}{RT}} \tag{20-1}$$

式中　α——转化率；

　　t——时间；

　　A——Arrhenius 指前因子；

　　n——反应级数；

　　E——表观活化能；

　　T——热力学温度；

　　R——摩尔气体常数。

　　Kissinger 认为，在 DTA 曲线上，在吸热（或放热）峰所对应的温度 T_m 下，可近似认为反应速率也达到最大值，此时必然满足：

$$\frac{\mathrm{d}}{\mathrm{d}t}\left(\frac{\mathrm{d}\alpha}{\mathrm{d}t}\right)_{T=T_m}=0 \tag{20-2}$$

　　由式(20-1)可知，$\mathrm{d}\alpha/\mathrm{d}t$ 为转化率 α 和温度 T 的函数，所以式(20-1)两边对时间 t 求微分时，得：

$$\frac{\mathrm{d}}{\mathrm{d}t}\left(\frac{\mathrm{d}\alpha}{\mathrm{d}t}\right)=\frac{\mathrm{d}\alpha}{\mathrm{d}t}\left[\frac{E\beta}{RT^2}-An(1-\alpha)^{n-1}\mathrm{e}^{-\frac{E}{RT}}\right] \tag{20-3}$$

式中　β——升温速率，$\beta=\mathrm{d}T/\mathrm{d}t$。

　　根据式(20-2)，得：

$$\frac{E\beta}{RT_m^2}=An(1-\alpha_m)^{n-1}\mathrm{e}^{-\frac{E}{RT_m}} \tag{20-4}$$

　　① 当 $n=1$ 时，式(20-4)简化为：

$$\frac{E\beta}{RT_m^2}=A\mathrm{e}^{-\frac{E}{RT_m}} \tag{20-5}$$

　　② 当 $n\neq1$ 时，式(20-1)的积分形式为：

$$\frac{1}{n-1}\left[\frac{1}{(1-\alpha)^{n-1}}-1\right]=\frac{ART^2}{E\beta}\mathrm{e}^{-\frac{E}{RT}}\left(1-\frac{2RT}{E}\right) \tag{20-6}$$

　　当 $T=T_m$ 时，式(20-4)和式(20-6)联立，得：

$$\frac{1}{n-1}\left[\frac{1}{(1-\alpha_m)^{n-1}}-1\right]=\frac{1}{n}\times\frac{1}{(1-\alpha_m)^{n-1}}\left(1-\frac{2RT_m}{E}\right) \tag{20-7}$$

　　进一步化简，得：

$$n(1-\alpha_m)^{n-1}=1+(n-1)\frac{2RT_m}{E} \tag{20-8}$$

　　一般情况下，$E\gg2RT_m$，所以式(20-8)可简化为：

$$n(1-\alpha_m)^{n-1}=1+(n-1)\frac{2RT_m}{E}\approx1 \tag{20-9}$$

　　将式(20-9)代入式(20-4)，同样可得到式(20-5)：

$$\frac{E\beta}{RT_m^2} = Ae^{-\frac{E}{RT_m}}$$

式（20-5）两边取对数，得：

$$\ln\left(\frac{\beta}{T_m^2}\right) = \ln\left(\frac{AR}{E}\right) - \frac{E}{R} \times \frac{1}{T_m} \tag{20-10}$$

由上面推导可知，无论是 $n=1$ 或 $n \neq 1$，当 $\ln(\beta/T_m^2)$ 对 $1/T_m$ 作图时，均可得到一条直线，斜率为 $-E/R$，截距 $= \ln(AR/E)$，由此可计算得到表观活化能 E 和 Arrhenius 指前因子 A。

反应级数的计算公式为：$n = 1.26\sqrt{S}$，式中，S 为峰形指数，其定义为 DAT 曲线两拐点处切线斜率之比的绝对值，其计算方法如图 20-3 所示。

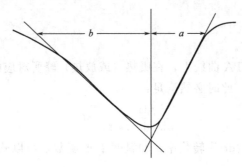

图 20-3 峰形指数 S 的计算方法$\left(S = \frac{a}{b}\right)$

三、仪器和试剂

计算机差热天平（STA-409PC）；氧化铝坩埚；氨基酸（如甘氨酸、苯丙氨酸等）；金属铟（基准物）；α-Al_2O_3（参比物）。

四、操作步骤

1. 将试样研细。用干燥器内干净的小坩埚称取研细的试样 $9\sim10mg$。

2. 抬起炉体，将一个空坩埚和装有试样的坩埚放于热电偶板上（空坩埚放在左边），放下炉体（注意操作时要轻抬轻放）；开启冷却水（打开恒温水浴的"电源"和"循环"开关）。

3. 打开氮气钢瓶阀门，调节出口压力。调节气体流量计，使氮气流量为 $50mL/min$（若采用静态空气为气氛，则该步骤可省略）。

4. 开启计算机，双击桌面上的"RSZ 热分析系统"，进入工作界面。

5. 将 TG 量程设定为 $10mg$（按 $\boxed{10}$ 量程键，小红灯亮）。旋转左电加码旋钮进行粗调，使 TG 输出表指针在零附近位置，再用右电加码旋钮进行细调至零位置。

6. 将 DTA 量程设定为 $100\mu V$，按 DTA 零量程键，此时调零指示灯灭，差热放大器进入测量状态。

7. 在计算机屏上点击"新采集"，进入"参数设定"，输入"基本实验参数"（注意：对量程的选择要与电控机箱上的设置保持一致，DTG 选 $20mV/min$）；点击"升温参数"，输入起始温度（输入数据应小于当前炉温约 $10℃$）、采样间隔（一般取 1000）、升温速率（分别选取 $5K/min$、$10K/min$、$15K/min$）和终态温度（$400℃$ 左右）等；点击"确定"。

8. 待计算机屏幕上的绿色滚动条上出现"《《《NOW…"后，旋转偏差调零旋钮（在"加热键"旁），使表头指针摆至 0 点左侧一小格；按下"加热键"，加热指示灯亮，系统进入工作状态。

9. 升温达到所需温度后，点击显示屏右上方的"停止键"，并确认。按压"加热键"，使指示灯熄灭，停止加热。等候片刻将炉体抬起，空坩埚放回干燥器，试样残渣倒出后，将脏坩埚放入回收杯中。

10. 关闭冷却水。

数据保存与处理步骤如下。

（1）实验结束后，要保存曲线图，点击"保存"即可。

（2）若要打开原来已存文件，则点击"打开"，选择需要被分析的文件。对"是否减去空白曲线"的提示按"否"键。

（3）拟对所选实验曲线进行处理时，点击"曲线分析"菜单。

（4）TG 曲线分析：在"曲线分析"菜单上用鼠标左键单击"TG 分析"时，图上将出现一条竖线，用鼠标将竖线拖到曲线上一个失重段的起始位置，双击鼠标左键，并拖动鼠标使新出现的竖线到达该失重段的另一段位置，此时图上同时出现了黄底黑字，将鼠标沿竖线上下移动，可改变字的位置。双击鼠标左键，便可将数据在选定的位置上确定下来。

（5）DTA 曲线分析：按上面的步骤选定要分析的具体吸（放）热峰，双击鼠标左键，进入"DTA 曲线段分析"，用鼠标依次点击"峰顶温度 T_m"、"外推起始温度 T_e"、"返回"，即完成一个吸（放）热峰的分析。在进行新的一次线段分析前，用鼠标点住标出的温度值，可调整数据位置。

（6）若对分析结果不满意，可点击"重画"，已做的分析将全部删除，重新分析。

五、数据记录与处理

1. 利用仪器所带的程序，计算不同升温速率 β 下的峰顶温度 T_m，以 $\ln(\beta/T_m^2)$ 为纵坐标，$1/T_m$ 为横坐标作图，由斜率和截距计算表观活化能 E 和 Arrhenius 指前因子 A。

2. 根据不同升温速率下得到的 DTA 曲线，按图 20-3 所示方法计算峰形指数 S，并计算反应级数 n。

实验二十一　X射线衍射物相定性分析

一、目的要求

1. 了解 X 射线衍射仪的基本结构和工作原理。
2. 掌握 X 射线衍射物相定性分析的方法和步骤。
3. 根据实验样品，设计实验方案，做出正确物相定性分析结果。

二、X 射线衍射仪工作原理

X 射线衍射仪一般由 X 光源、测角仪、计数器、数据处理系统组成。

当入射 X 射线经狭缝照射到多晶试样上，衍射线经单色晶体反射后进入探测器即衍射线被探测器所接收，所生成的电脉冲经放大后进入脉冲高度分析器，信号脉冲可送至计数器，经计算机数据处理系统采集衍射数据，处理图形数据，查找管理文件以及自动进行物相定性分析等功能。

三、物相定性分析基本原理

根据晶体对 X 射线的衍射特征——衍射线的位置、强度及数量来鉴定结晶物质的物相的方法就是 X 射线物相分析法。X 射线衍射仪工作原理如图 21-1 所示。定性相分析的目的是判断物质中的物相组成，也即确定物质中所包含的结晶物质以何种结晶状态存在。X 射线衍射的位置取决于晶胞形状、大小，也取决于各晶面间距，而衍射线的相对强度则取决于晶胞内原子的种类、数目及排列方式。每种晶体物质都有其特有的结构。在一定波长的 X 射线照射下，每种晶体物质都产生自己特有的衍射花样。每一种物质与其自身的衍射花样都是一一对应的，不可能有两种物质给出完全相同的衍射花样。它们的特征可以用各个衍射晶面间距 d 和衍射线的相对强度 I/I_1 来表征。如果试样中存在两种以上不同结构的物质时，每种物质所特有的衍射花样不变，多相试样的衍射花样只是由它所含各物质的衍射花样机械叠

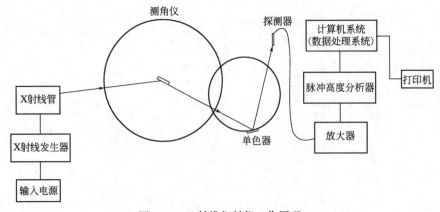

图 21-1　X 射线衍射仪工作原理

加而成。

定性相分析的方法，就是将由试样测得的 d-I 数据组（即衍射花样）与已知结构物质的标准 d-I 数据组（即标准衍射花样）进行对比，从而鉴定出试样中存在的物相。国际上有专门的研究机构——粉末衍射标准联合会（JCPDS）收集了几百万种晶体，包括有机化合物、无机化合物两大类的晶体衍射数据卡片，可以根据所测的粉末衍射数据，去查出 JCPDS 卡片来加以参考做出判断。在进行物相分析时，通常用面间距 d 和相对强度 I 的数据组代表衍射花样。这就是说，用 d-I 数据组作为定性分析的基本判据。其中又以 d 值为主要判据，I 值为辅助判据。

四、实验条件的选择

实验条件的选择包括 X 射线管靶材的选择，X 射线管的管压和管流的选择，狭缝参数的选择，时间常数，扫描速度选择。在实验中可以根据样品的情况和测试项目做出相应的选择。

五、样品制备和测试

X 射线衍射分析的样品主要有粉末样品、块状样品、薄膜样品、纤维样品等。样品不同，分析目的不同（定性分析或定量分析），则样品制备方法也不同。

1. 粉末样品制备

将被测样品在研钵中研至 200～300 目。将中间有浅槽的样品板擦干净，粉末样品放入浅槽中，用另一个样品板压一下，要求试样面与玻璃表面齐平。如果试样的量少到不能充分填满试样填充区，可在玻璃试样架凹槽里先滴一薄层用醋酸戊酯稀释的火棉胶溶液，然后将粉末试样撒在上面，待干燥后测试。

2. 固定样品制备

X 射线照射面一定要磨平，大小能放入样品板孔，样品抛光面朝向毛玻璃面，用橡皮泥从后面把样品粘牢，注意勿让橡皮泥暴露在 X 射线下，以免引起不必要的干扰。

3. 薄膜样品制备

将薄膜样品剪成比样品孔稍大的块，用胶黏纸背面粘牢。

六、样品测试

1. 开机前的准备和检查

接通总电源，接通稳压电源。开启循环冷却水电源开关，启动循环水泵使冷却水流通。将制备好的试样插入衍射仪样品台，关闭防护罩。

2. 开机操作

当冷却水达到预设温度后，开启衍射仪总电源，待数分钟后，接通 X 射线管电源。缓慢升高管电压、管电流至需要值。打开计算机 X 射线衍射仪应用软件，设置合适的衍射条件及参数，开始样品测试，采集衍射花样数据，获得衍射花样。

3. 停机操作

测量完毕，缓慢降低管电流、管电压至最小值，关闭 X 射线管电源，取出试样，15min 后关闭循环水泵，关闭衍射仪总电源、稳压电源及线路总电源。

七、数据处理

测试完毕后,保存样品测试数据。原始数据需经过谱峰寻找等数据处理步骤,最后打印出待分析试样衍射曲线和 d 值、2θ、强度、衍射峰宽等数据,供分析鉴定。

八、物相定性分析方法

目前通用的粉末衍射卡片索引有:粉末衍射卡片哈氏索引(Hanawalt)、芬克索引(Fink Index)和戴维字母索引(Alphabetical Index),每种都分为有机和无机两类。

X 射线衍射物相定性分析方法有以下几种。

1. 化学成分已知的样品

(1) 推测可能形成的物相时用字母索引检索。从检索得到的 PDF 卡片便可知道被鉴定相的名称、化学式和各种晶体学参数。

(2) 选取强度最大的三根线,并使其 d 值按强度递减的次序排列。

(3) 将实验所得 d 及 I/I_1 跟卡片上的数据详细对照,如果完全符合,物相鉴定即告完成。从检索得到的 PDF 卡片便可知道被鉴定相的名称、化学式和各种晶体学参数。

2. 化学成分未知的样品

(1) 三强线法

① 选取强度最大的三根线,并使其 d 值按强度递减的次序排列。

② 在数字索引中找到对应的 d_1(最强线的面间距)组。

③ 按次强线的面间距 d_2 找到接近的几列。

④ 检查这几列数据中的第三个 d 值是否与待测样的数据对应,再查看第四强线～第八强线数据并进行对照,最后从中找出最可能的物相及其卡片号。

⑤ 找出可能的标准卡片,将实验所得 d 及 I/I_1 跟卡片上的数据详细对照,如果完全符合,物相鉴定即告完成。从检索得到的 PDF 卡片便可知道被鉴定相的名称。化学式和各种晶体学参数。

如果待测样的数据与标准数据不符,则须重新排列组合并重复②～⑤的检索手续。如为多相物质,当找出第一物相之后,可将其线条剔出,并将留下线条的强度重新归一化,得到重新归一化的相对强度 $I_r = [(I_i/I_{max}) \times 100]$ 取整后在新的基础上,再按过程①～⑤进行检索,直到得出正确答案。

(2) 特征峰法

对于经常使用的样品,其衍射谱图应该充分了解掌握,可根据其谱图特征进行初步判断。

(3) 参考文献资料

在国内国外各种专业科技文献上,许多科技工作者都发表很多 X 射线衍射谱图和数据,这些谱图和数据可以作为标准和参考,供分析测试时使用。

(4) 计算机检索法

随着计算机技术的发展,计算机检索得到了普遍应用。这种方法可以很快得到分析结果,分析准确度在不断提高。但最后还需经认真核对才能最后得出鉴定结论。

九、实验报告及要求

1. 实验课前必须预习实验讲义和教材,掌握实验原理等。

2. 根据教师给定实验样品，设计实验方案，选择样品制备方法、仪器条件参数等。

3. 实验报告要求写出：实验原理、实验方案步骤（包括样品制备、实验参数选择、测试、数据处理等）、选择定性分析方法、物相鉴定结果分析［样品名称（中英文）、卡片号］等，将实验数据及结果用 origin 画出并标出物相。

十、思考题

1. 简述 X 射线衍射分析工作原理及其特点和应用。

2. 样品制备有几种方法，应注意什么问题？

3. X 射线谱图分析鉴定应注意什么问题？

十一、学生设计实验参考

1. 试样

TiO_2 粉末，要求判断其晶型。

2. 测试设备

X 射线衍射仪。

3. 操作

（1）接通电源和循环冷却水。

（2）在 program 中编好测试程序即实验条件。

Cu 靶；35kV，30mA。

狭缝：1，1，0.2。

起始角度：0°。

终止角度：90°。

扫描步长：0.02 等，也可根据实验需要选定。

采集衍射花样数据：program 中按开始，采集数据。

4. 获得衍射花样

在软件中处理谱图。得到分析试样衍射曲线和 d 值、2θ、强度、衍射峰宽等数据。

5. 衍射仪的关闭过程与开启相反。在切断高压 10min 后关闭冷却水。

6. 测试结果及分析。

7. 实验内容及报告。

8. 由教师在现场介绍衍射仪的构造，进行操作表演，并测试样品，获得衍射峰。

以 2~3 人为一组，按事先准备好的多相物质进行测定，对获得的衍射图进行物相定性分析。记录所分析的衍射图的测试条件，将实验数据及结果用 origin 画出并标出物相。

实验二十二 CO_2 和正丁烷液相体系的 热力学性质计算

一、目的要求

1. 利用 PR 方程进行热力学性质计算。
2. 使用 Mathcad 软件进行编程。
3. 通过敞开系统热力学性质计算了解状态方程法处理混合物的非均相平衡问题。

二、实验原理

非均相系统由两个或两个以上的均相系统组成，在达到相平衡状态前，每个相都是均相敞开系统，通过相之间的物质和能量传递，才能使系统达到平衡。在相平衡状态下，非均相系统中的各相之间的温度、压力和组成都不再发生变化，故可视为均相封闭系统，可用状态方程法进行物性计算。状态方程模型适用于气、液相，表达了混合物性质随着温度、压力和组成的变化。

PR 状态方程的形式：

$$p = \frac{RT}{V-b} - \frac{a}{V(V+b)+b(V-b)}$$

$$a = a_c \alpha(T_r, \omega), \ a_c = 0.457235 \frac{(RT_c)^2}{p_c}, \ b = 0.077796 \frac{RT_c}{p_c}$$

$$\alpha(T_r, \omega) = [1 + (0.37464 + 1.54226\omega - 0.26992\omega^2)(1 - T_r^{0.5})]^2$$

混合物可以采用 PR 方程模型计算，只是 a、b 参数要用混合法则进行计算，如下：

$$b = \sum_{i=1}^{N} y_i b_i \quad a = \sum_{i=1}^{N} \sum_{j=1}^{N} y_i y_j \sqrt{a_i a_j}(1 - k_{i,j})$$

接着可以用 PR 方程计算出气相或液相的体积根，之后可以根据偏离焓、偏离熵、组分逸度等与体积的关系式，计算混合物的热力学性质。

三、仪器设备

计算机 1 台，需要安装 Mathcad 软件。

四、实验步骤

用 PR 方程，计算 $CO_2(1)$-正丁烷(2)系统在 273.15K、1.061MPa 时的组分逸度系数、组分逸度和混合物的逸度系数、逸度、偏离焓、偏离熵（取 $p_0 = p$），见表 22-1。假设系统为 $x_1 = 0.2$ 的液体混合物。二元相互作用参数是 $k_{i,j} = 0.12$，$k_{i,i} = 0$。

1. 输入临界参数、偏心因子和独立变量

表 22-1　$T=273.15K$，$p=1.061MPa$ 下 $CO_2(1)$-正丁烷(2) 的 T_{ci}、p_{ci} 和 ω_i

组分 i	T_{ci}/K	p_{ci}/MPa	ω_i
$CO_2(1)$	304.19	7.381	0.225
正丁烷(2)	425.18	3.797	0.193

2. 求各组分的 PR 方程参数 a_i 和 b_i

$$a_i = a_{c_i}\alpha_i(T_{r_i},\omega_i)，\quad a_{c_i} = 0.457235\frac{(RT_{c_i})^2}{p_{c_i}}，\quad b_i = 0.077796\frac{RT_{c_i}}{p_{c_i}}$$

$$\alpha_i(T_{r_i},\omega_i) = [1+(0.37464+1.54226\omega_i-0.26992\omega_i^2)(1-T_{r_i}^{0.5})]^2$$

$$T_{r_i} = \frac{T}{T_{c_i}}，\quad p_{r_i} = \frac{p}{p_{c_i}}$$

3. 求混合物的 PR 方程参数 a 和 b

$$b = \sum_{i=1}^{N}y_i b_i \quad a = \sum_{i=1}^{N}\sum_{j=1}^{N}y_i y_j\sqrt{a_i a_j}(1-k_{i,j}) \quad k_{i,j} = 0.12 \quad k_{i,i} = 0$$

4. 求混合物 PR 方程的体积根

PR 方程变形为：

$$V^3 + kV^2 + mV + n = 0$$

$$k = b-\frac{RT}{p} \quad m = \frac{a}{p}-\frac{2bRT}{p}-3b^2 \quad n = b\left(\frac{bRT}{p}+b^2-\frac{a}{p}\right)$$

把 k、m、n、1 以列向量的形式赋值给 λ，然后调用 polyroots 函数计算体积根，给出三个根。液相的取最小根，气相的取最大根。

$$\lambda = \begin{pmatrix} n \\ m \\ k \\ 1 \end{pmatrix} \quad polyroots(\lambda) = \begin{pmatrix} V_1 \\ V_2 \\ V_3 \end{pmatrix}$$

5. 求液相混合物的热力学性质

（1）首先计算组分逸度系数

$$\ln\varphi_i = \frac{b_i}{b}(Z-1)-\ln\frac{p(V-b)}{RT}+\frac{a}{2\sqrt{2}bRT}\left(\frac{b_i}{b}-\frac{2}{a}\sum_{j=1}^{N}y_j a_{i,j}\right)\ln\left[\frac{V+(\sqrt{2}+1)b}{V-(\sqrt{2}-1)b}\right]$$

（2）由组分逸度系数可计算组分逸度

$$f_i^L = px_i\varphi_i^L$$

（3）然后计算混合物逸度系数和逸度

$$\ln\varphi = Z-1-\ln\frac{p(V-b)}{RT}-\frac{a}{2^{1.5}bRT}\ln\frac{V+(\sqrt{2}+1)b}{V-(\sqrt{2}-1)b}$$

$$f^L = p\varphi^L$$

（4）计算偏离焓与偏离熵

$$\frac{H-H^{ig}}{RT} = Z-1-\frac{1}{2^{1.5}bRT}\left[a-0.5T\sum_{i=0}^{N}\sum_{j=0}^{N}x_i x_j(1-k_{i,j})\left(\sqrt{\frac{a_j}{a_i}}\chi_i+\sqrt{\frac{a_i}{a_j}}\chi_j\right)\right]$$

$$\frac{S-S_0^{ig}}{R}+\ln\frac{p}{p_0} = \ln\frac{p(V-b)}{RT}+\frac{1}{2^{1.5}bR}\left[0.5\sum_{i=0}^{N}\sum_{j=0}^{N}x_i x_j(1-k_{i,j})\left(\sqrt{\frac{a_j}{a_i}}\chi_i+\sqrt{\frac{a_i}{a_j}}\chi_j\right)\right]\cdot$$

$$\ln \frac{V+(\sqrt{2}+1)b}{V-(\sqrt{2}-1)b}$$

$$\chi_i = \frac{\mathrm{d}}{\mathrm{d}T}(a_i) = \frac{\mathrm{d}}{\mathrm{d}T}a_{ci}\left\{1+(0.37464+1.54266\omega_i-0.26992\omega_i^2)\left[1-\left(\frac{T}{T_{ci}}\right)^{0.5}\right]\right\}^2$$

液相计算结果见表 22-2。

表 22-2　$CO_2(1)$-正丁烷(2)的液相体系热力学性质

$T=273.15K, p=1.061MPa, x_1=0.2, x_2=0.8$	
纯组分常数	$a_1=426235.8MPa \cdot cm^6/mol^2, a_2=19300018MPa \cdot cm^6/mol^2,$ $b_1=26.656cm^3/mol, b_2=72.46431cm^3/mol$
混合物常数	$a=1507671, b=63.30267$
摩尔体积/(cm^3/mol)	$V=83.50$
组分逸度系数	$\ln\varphi_1^L=1.4259, \ln\varphi_2^L=-2.29769$
混合物逸度	$\ln f^L=-1.4937$
混合物逸度系数	$\ln\varphi^L=-1.5529$
偏离焓/$(kJ/kmol)$	-8.7765
偏离熵/$[kJ/(kmol \cdot K)]$	-7.2236

6. 根据液相混合物的热力学性质方法计算气相的热力学性质

与液相的步骤相同，可参看步骤 5。计算结果填入表 22-3。

表 22-3　$CO_2(1)$-正丁烷(2)的气相体系热力学性质

$T=273.15K, p=1.061MPa, y_1=0.8962, y_2=0.1038$	
纯组分常数	$a_1=426235.8MPa \cdot cm^6/mol^2, a_2=19300018MPa \cdot cm^6/mol^2,$ $b_1=26.656cm^3/mol, b_2=72.46431cm^3/mol$
混合物常数	$a=\qquad, b=$
摩尔体积/(cm^3/mol)	$V=$
组分逸度系数	$\ln\varphi_1^V=\qquad \ln\varphi_2^V=$
混合物逸度	$\ln f^V=$
混合物逸度系数	$\ln\varphi^V=$
偏离焓/$(kJ/kmol)$	
偏离熵/$[kJ/(kmol \cdot K)]$	

五、思考题

为什么计算体积根时，液相的取最小值，而气相的取最大值？

实验二十三　小分子结构模拟

一、目的要求

1. 利用密度泛函理论（density functional theory，DFT）模拟水分子结构。
2. 学会试验和理论模拟的简单对比。
3. 熟悉和掌握 Gaussian 程序的使用方法。

二、实验原理

薛定谔方程 $\hat{H}\Psi=E\Psi$ 是量子力学计算的基础，随着量子化学的发展，尤其是 Thomas-Fermi-Dirac 模型的建立，以及 Slater 在量子化学方面工作和 Hohenberg-Kohn 理论的基础上，形成了现代密度泛函理论（DFT）。

1964 年，Hohenberg 和 Kohn 给出了 DFT 理论的两个基本定理。第一定理表明，电子数一定的分子体系的确切基态能量仅是电子密度的泛函，或者说，对于给定的原子核坐标，电子密度能唯一确定基态的能量和性质。这个定理肯定了分子基态泛函的存在。第二定理表明，分子基态确切的电子密度函数使体系能量最低。DFT 方法的挑战是设计精确的泛函。DFT 方法中总能量可分解为：

$$E(\rho)=E^{\mathrm{T}}(\rho)+E^{\mathrm{V}}(\rho)+E^{\mathrm{J}}(\rho)+E^{\mathrm{XC}}(\rho) \tag{23-1}$$

式中　　E^{T}——电子动能；

　　　　E^{V}——电子与原子核吸引势能，简称外场能；

　　　　E^{J}——库仑作用能；

　　　　E^{XC}——交换-相关能（包括交换能和相关能量）。

E^{V} 和 E^{J} 是直接的，因为它们代表经典的库仑相互作用；而 E^{T} 和 E^{XC} 不是直接的，它们是 DFT 方法中设计泛函的基本问题。1965 年，Kohn 和 Sham 在构造 E^{T} 和 E^{XC} 泛函方面取得突破，建立了 Kohn-Sham 方程，该方程的求解与 HF 方程相同，都采用自洽计算方法。目前，一般将 E^{XC} 分成交换和相关两部分。

$$E^{\mathrm{XC}}(\rho)=E^{\mathrm{X}}(\rho)+E^{\mathrm{C}}(\rho) \tag{23-2}$$

交换能量泛函包括 S（Slater），X（Xalpha），B（Becke 88）。相关能量泛函包括 VWN（Vosko-Wilk-Nusair 1980），VWN V（Functional V from the V WN80），LYP（Lee-Yang-Parr），PL（Perdew Local），P86（Perdew 86），PW91（Perdew-Wangs 1991 gradient-corrected）等。杂化交换和相关能量泛函中最著名的是 B3LYP：

$$E^{\mathrm{XC}}_{\mathrm{B3LYP}}=E^{\mathrm{X}}_{\mathrm{LDA}}+c_0(E^{\mathrm{X}}_{\mathrm{HF}}-E^{\mathrm{X}}_{\mathrm{LDA}})+c_{\mathrm{X}}\Delta E^{\mathrm{X}}_{\mathrm{B88}}+E^{\mathrm{C}}_{\mathrm{VWN3}}+c_{\mathrm{C}}(E^{\mathrm{C}}_{\mathrm{LYP}}-E^{\mathrm{C}}_{\mathrm{VWN3}}) \tag{23-3}$$

三、试验设备

利用 Gaussian 程序在计算机上模拟。

四、实验步骤

1. 打开计算机，启动 Gaussian 程序。

2. 编辑输入文件 h2o. gjf。

(1) %chk＝h2o

(2)

(3) ＃ p b3lyp/6-311g＊＊　　opt＝（z-matrix）　　iop（5/13＝1）　　iop（1/11＝1）optcyc＝150

freq

(4)

(5) 注释行 h2o

(6) 0　1

o

h　1　r1

h　1　r1　2　c1

r1　　　0.96

c1　　　104.5

其中（1）为 check 文件名；（2）、（4）为空白行；（5）为注释行；（3）为计算方法行，b3lyp 为密度泛函方法其余为相关参数；（6）为分子的电荷和自旋参数（$2s+1$）；（6）行以后为结构参数：r1 为 O—H 键的键长，单位为 Angstroms（$1\text{Å}=10^{-10}\text{ m}$），c1 为 H—O—H 的键角。

3. 运算

指定输出文件为 h2o. out，进行计算。

4. 检查结果

打开输出文件为 h2o. out，找到计算的结果：r1 和 c1。

5. 用同样的 1～3 步骤计算甲烷。

c

h　1　r1

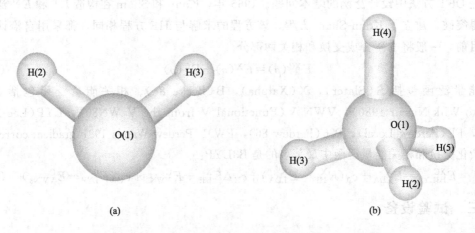

(a)　　　　　　　　　　　　　　　　(b)

图 23-1　水和甲烷的结构

```
h   1 r1        2 c1
h   1 r1        2 c1        3  120.000
h   1 r1        2 c1        3  −120.000
r1        1.089000
c1        109.471
```

水和甲烷的结构如图 23-1 所示。

五、数据处理和结果

数据表格见表 23-1。

表 23-1　数据表格

计算结果	试验数据	偏　差	计算结果	试验数据	偏　差
水 r1＝			甲烷 r1＝		
c1＝			c1＝		

1. 试验数据见附录。
2. 偏差按照：$100\% \times$（计算结果-试验数据）/试验数据。

六、思考题

1. 计算和试验的优缺点？
2. 如何结合计算和试验？

附：水和甲烷的试验结构数据

h2o 0.96 104.5

ch4 1.0870 109.5

http：//webbook. nist. gov/chemistry/form-ser. html

National Institute of Standards and Technology （NIST）

General Searches Physical Property Based Searches

附录　物理化学实验常用数据表

表1　国际单位制的基本单位

量	单位名称	单位符号	量	单位名称	单位符号
长度	米	m	热力学温度	开[尔文]	K
质量	千克(公斤)	kg	物质的量	摩[尔]	mol
时间	秒	s	发光强度	坎[德拉]	cd
电流	安[培]	A			

表2　国际单位制的辅助单位

量 的 名 称	单 位 名 称	单 位 符 号
平面角	弧度	rad
立体角	球面度	sr

表3　国际制词冠

因数	词冠	名称	词冠符号	因数	词冠	名称	词冠符号
10^{12}	tera	（太）	T	10^{-2}	centi	（厘）	c
10^{9}	giga	（吉）	G	10^{-3}	milli	（毫）	m
10^{6}	mega	（兆）	M	10^{-6}	micro	（微）	μ
10^{2}	kilo	（千）	k	10^{-9}	nano	（纳）	n
10^{2}	hecto	（百）	h	10^{-12}	pico	（皮）	p
10^{1}	deca	（十）	da	10^{-15}	femto	（飞）	f
10^{-1}	deci	（分）	d	10^{-18}	atto	（阿）	a

表4　摩尔凝固点降低常数

溶 剂	凝固点/℃	K_f	溶 剂	凝固点/℃	K_f
环己烷	6.54	20.0	酚	40.90	7.40
溴仿	8.05	14.4	萘	80.29	6.94
乙酸	16.66	3.90	樟脑	178.75	37.7
苯	5.533	5.12	水	0.0	1.853

注：摘自东北师范大学等编．物理化学实验．第2版．北京：高等教育出版社，1989：340.

表5　国际单位制的一些导出单位

量 的 名 称	单位名称	代　号		用国际制基本单位表示的关系式
		国际	中文	
频率	赫兹	Hz	赫	s^{-1}
力	牛顿	N	牛	$kg \cdot m/s^2$
压力、应力	帕斯卡	Pa	帕	$kg/(s^2 \cdot m)$
能、功、热量	焦耳	J	焦	$m^2 \cdot kg/s^2$
电量、电荷	库仑	C	库	$s \cdot A$
功率、辐射通量	瓦特	W	瓦	$m^2 \cdot kg/s^3$
电位、电压、电动势	伏特	V	伏	$m^2 \cdot kg/(s^3 \cdot A)$
电容	法拉	F	法	$m^2 \cdot s^4 \cdot A^2/kg$

续表

量 的 名 称	单位名称	代 号 国际	代 号 中文	用国际制基本单位表示的关系式
电阻	欧姆	Ω	欧	$m^2 \cdot kg/(s^3 \cdot A^2)$
电导	西门子	S	西	$s^3 \cdot A^2/(m^2 \cdot kg)$
磁通量	韦伯	Wb	韦	$m^2 \cdot kg/(s^2 \cdot A)$
磁感应强度	特斯拉	T	特	$kg/(s^2 \cdot A)$
电感	亨利	H	亨	$m^2 \cdot kg/(s^2 \cdot A^2)$
光通量	流明	lm	流	$cd \cdot sr$
光照度	勒克斯	lx	勒	$cd \cdot sr/m^2$
黏度	帕斯卡·秒	Pa·s	帕·秒	$kg/(s \cdot m)$
表面张力	牛顿每米	N/m	牛/米	kg/s^2
热容量、熵	焦耳每开	J/K	焦/开	$m^2 \cdot kg/(s^2 \cdot K)$
比热容	焦耳每千克每开	J/(kg·K)	焦/(千克·开)	$m^2/(s^2 \cdot K)$
电场强度	伏特每米	V/m	伏/米	$m \cdot kg/(s^3 \cdot A)$
密度	千克每立方米	kg/m³	千克/米³	kg/m^3

表 6 汞的蒸气压

$t/℃$	$p/mmHg$	p/Pa	$t/℃$	$p/mmHg$	p/Pa	$t/℃$	$p/mmHg$	p/Pa
0	0.000185	0.0247	60	0.02524	3.365	200	17.287	2304.7
10	0.000490	0.0653	70	0.04825	6.433	250	74.375	9915.9
20	0.001201	0.1601	80	0.08880	11.839	300	246.80	32904
30	0.002777	0.3702	90	0.1582	21.09	350	627.69	89685
40	0.006079	0.8105	100	0.2729	36.38	400	1574.1	209863
50	0.01267	1.689	150	2.807	37.42	550	10650	

注：1mmHg＝133.322Pa。

表 7 单位换算表

单位名称	符号	折合 SI 单位制	单位名称	符号	折合 SI 单位制
力的单位			1 标准大气压	atm	＝101324.7N/m²(Pa)
1 公斤力	kgf	＝9.80665N	1 毫米水高	mmH₂O	＝9.80665N/m²(Pa)
1 达因	dyn	＝10⁻⁵N	1 毫米汞高	mmHg	＝133.322N/m²(Pa)
黏度单位			功能单位		
泊	P	＝0.1N·s/m²	1 千克力·米	kgf·m	＝9.80665J
厘泊	cP	＝10⁻³N·s/m²	1 尔格	erg	＝10⁻⁷J
压力单位			升·大气压	L·atm	＝101.328J
毫巴	mbar	＝100N/m²(Pa)	1 瓦特·小时	W·h	＝3600J
1 达因/厘米²	dyn/cm²	＝0.1N/m²(Pa)	1 卡	cal	＝4.1868J
1 千克力/厘米²	kgf/cm	＝98066.5N/m²(Pa)	功率单位		
1 工程大气压	af	＝98066.5N/m²(Pa)	1 千克力·米/秒	kgf·m/s	＝9.80665W
1 千卡/小时	kcal/h	＝1.163W	1 尔格/秒	erg/s	＝10⁻⁷W
1 卡/秒	cal/s	＝4.1868W	电磁单位		
比热容单位			1 伏·秒	V·s	＝1Wb
			1 安小时	A·h	＝3600C
			1 德拜	D	＝3.334×10⁻³C·m
1 卡/克·度	cal/(g·℃)	＝4186.8J/(kg·℃)	1 高斯	G	＝10⁻⁴T
1 尔格/克·度	erg/(g·℃)	＝10⁻⁴J/(kg·℃)	1 奥斯特	Oe	＝(1000/4π)A

表 8　物理化学常数

常 数 名 称	符号	数值	单位(SI)	单位(cgs)
真空光速	c	2.99792458	10^8 m/s	10^{10} cm/s
基本电荷	e	1.6021892	10^{-19} C	10^{-20} cm$^{\frac{1}{2}}$ · g$^{\frac{1}{2}}$
阿伏伽德罗常数	N_A	6.022045	10^{23} mol^{-1}	10^{23} mol^{-1}
原子质量单位	u	1.6605655	10^{-27} kg	10^{-24} g
电子静质量	m_e	9.109534	10^{-31} kg	10^{-28} g
质子静质量	m_p	1.6726485	10^{-27} kg	10^{-24} g
法拉第常数	F	9.648456	10^4 C/mol	10^3 cm$^{\frac{1}{2}}$ · g$^{\frac{1}{2}}$ /mol
普朗克常数	h	6.626176	10^{-34} J/s	10^{-27} erg · s
电子质荷比	e/m_e	1.75880477	10^{11} C/kg	10^7 cm$^{\frac{1}{2}}$ /g$^{\frac{1}{2}}$
里德堡常数	R_∞	1.0973731	10^7 m^{-1}	10^5 cm^{-1}
玻尔磁子	μ_B	9.274078	10^{-24} J/T	10^{-21} erg/Gs
气体常数	R	8.31441	J/(℃ · mol)	10^7 erg/(℃ · mol)
		1.9875		cal/(℃ · mol)
		0.0820562		L · atm/(mol · ℃)
玻尔兹曼常数	k	1.380662	10^{-23} J/℃	10^{-16} erg/℃
万有引力常数	G	6.6720	10^{-11} N · m^2/kg^2	10^{-8} dyn · cm^2/g^2
重力加速度	g	9.80665	m/s^2	10^2 cm/s^2

表 9　不同温度下水的表面张力 σ

$t/℃$	$\sigma/(\times 10^{-3} \text{N/m})$	$t/℃$	$\sigma/(\times 10^{-3} \text{N/m})$
0	75.64	26	71.82
5	74.92	27	71.66
10	74.22	28	71.50
11	74.07	29	71.35
12	73.93	30	71.18
13	73.78	35	70.38
14	73.64	40	69.56
15	73.49	45	68.74
16	73.34	50	67.91
17	73.19	60	66.18
18	73.05	70	64.42
19	72.90	80	62.21
20	72.75	90	60.75
21	72.59	100	58.85
22	72.44	110	56.89
23	72.28	120	54.89
24	72.13	130	52.84
25	71.97		

注：摘自 John Dean A. Lange's Handbook of Chemistry. 11th ed. 1973：10～265.

表 10　某些液体的表面张力

物质名称	$t/℃$	$\sigma/(\times 10^{-3} \text{N/m})$	$t/℃$	$\sigma/(\times 10^{-3} \text{N/m})$
乙酸	20	27.6	50	24.8
丙酮	20	23.7	40	21.16
苯	20	28.85	30	27.56
四氯化碳	20	26.95	100	17.26
乙醇	20	22.27	30	21.89
乙醚	20	17.01	50	13.47
甲醚	20	22.61	50	20.14
水	20	72.75	40	69.56
氯苯	20	33.56		
氯仿	20	27.14		

表 11　水在不同温度下的折射率、黏度和介电常数

温度/℃	折射率 n_D	黏度[1] $\eta/[\times 10^{-3} kg/(m \cdot s)]$	介电常数[2] ε
0	1.3395	1.7702	87.74
5	1.33388	1.5108	85.76
10	1.33369	1.3039	83.83
15	1.33339	1.1374	81.95
20	1.33300	1.0019	80.10
21	1.33290	0.9764	79.73
22	1.33280	0.9532	79.38
23	1.33271	0.9310	79.02
24	1.33261	0.9100	78.65
25	1.33250	0.8903	78.30
26	1.33240	0.8703	77.94
27	1.33229	0.8512	77.60
28	1.33217	0.8328	77.24
29	1.33206	0.8145	76.90
30	1.33194	0.7973	76.55
35	1.33131	0.7190	74.83
40	1.33061	0.6526	73.15
45	1.32985	0.5972	71.51
50	1.32904	0.5468	69.91
55	1.32817	0.5042	68.35
60	1.32725	0.4669	66.82
65		0.4341	65.32
70		0.4050	63.86
75		0.3792	62.43
80		0.3560	61.03
85		0.3352	59.66
90		0.3165	58.32
95		0.2995	57.01
100		0.2840	55.72

① 黏度是指单位面积的液层，以单位速度流过相隔单位距离的固定液面的切线力。其单位是：N·s/m² 或 kg/(m·s) 或 Pa·s。

② 介电常数（相对）是指某物质作介质时，与相同条件真空情况下电容的比值。故介电常数又称相对电容率，无量纲。

注：摘自 John Dean A. Lange's Handbook of Chemistry. 13th ed. 1985：10-99.

表 12　纯水的蒸气压

温度/℃	蒸气压/Pa	温度/℃	蒸气压/Pa	温度/℃	蒸气压/Pa	温度/℃	蒸气压/Pa
−15.0	191.5	26.0	3360.91	67.0	27326	108.0	133911
−14.0	208.0	27.0	3564.9	68.0	28554	109.0	138511
−13.0	225.5	28.0	3779.5	69.0	29828	110.0	143263
−12.0	244.5	29.0	4005.4	70.0	31157	111.0	148147
−11.0	264.9	30.0	4242.8	71.0	32517	112.0	153152
−10.0	286.5	31.0	4492.38	72.0	33943	113.0	158309
−9.0	310.1	32.0	4754.7	73.0	35423	114.0	163619
−8.0	335.2	33.0	5053.1	74.0	36956	115.0	169049
−7.0	362.0	34.0	5319.38	75.0	38543	116	174644
−6.0	390.8	35.0	5489.5	76.0	40183	117	180378
−5.0	421.7	36.0	5941.2	77.0	41916	118	186275
−4.0	454.6	37.0	6275.1	78.0	43636	119	192334
−3.0	489.7	38.0	6625.0	79.0	45462	120	198535
−1.0	527.4	39.0	6986.3	80.0	47342	121	204889
−0	567.7	40.0	7375.9	81.0	49289	122	211459
0	610.5	41.0	7778	82.0	51315	123	218163
1.0	656.7	42.0	8199	83.0	53408	124	225022
2.0	705.8	43.0	8639	84.0	55568	125	232104
3.0	757.9	44.0	9101	85.0	57808	126	239329
4.0	813.4	45.0	9583.2	86.0	60114	127	246756
5.0	872.3	46.0	10086	87.0	62488	128	254356
6.0	935.0	47.0	10612	88.0	64941	129	262158
7.0	1001.6	48.0	11163	89.0	67474	130	270124
8.0	1072.6	49.0	11735	90.0	70095	135	312941
9.0	1147.8	50.0	12333	91.0	72800	140	361425
10.0	1228	51.0	12959	92.0	75592	145	415533
11.0	1312	52.0	13611	93.0	78473	150	476024
12.0	1402.3	53.0	14292	94.0	81338	155	543405
13.0	1497.3	54.0	15000	95.0	84513	160	618081
14.0	1598.1	55.0	15737	96.0	87675	165	700762
15.0	1704.92	56.0	16505	97.0	90935	170	792055
16.0	1817.7	57.0	17308	98.0	94295	175	892468
17.0	1937.2	58.0	18142	99.0	97770	180	1002608
18.0	2063.4	59.0	19012	100.0	101324	185	1123083
19.0	2196.74	60.0	19916	101.0	104734	190	1255008
20.0	2337.8	61.0	20856	102.0	108732	195	1398383
21.0	2486.6	62.0	21834	103.0	112673	200	1554423
22.0	2643.47	63.0	22849	104.0	116665	205	1723865
23.0	2808.82	64.0	23906	105.0	120799	210	1907235
24.0	2983.34	65.0	25003	106.0	125045	215	2105528
25.0	3167.2	66.0	26143	107.0	129402		

注：摘自 Robert C Weast. CRC Handbook of Chemistry and Physics. 63th ed. 1982～1983；D197.

表 13 液体的折射率（25℃）

名　称	折射率	名　称	折射率
甲醇	1.326	氯仿	1.444
水	1.33252	四氯化碳	1.459
乙醚	1.352	乙苯	1.493
丙酮	1.357	甲苯	1.494
乙醇	1.359	苯	1.498
醋酸	1.370	苯乙烯	1.545
乙酸乙酯	1.370	溴苯	1.557
正己烷	1.372	苯胺	1.583
1-丁醇	1.397	溴仿	1.587

注：摘自 Robert C Weast. CRC Handbook of Chemistry and Physics. 63th 1982～1983：E375.

表 14 几种有机物质的蒸气压

表中所列各化合物的蒸气压可用下列方程式计算：$\lg p = A - B/(C+t) + D$，式中，A、B、C 为三常数；p 为化合物的蒸气压，mmHg；t 为摄氏温度；D 为压力单位的换算因子，其值为 2.1249。

化合物	温度范围/℃	A	B	C
丙酮 C_3H_6O		7.02447	1161.0	224
苯 C_6H_6		6.90565	1211.033	220.790
溴 Br_2		6.83298	1133.0	228.0
甲醇 CH_4O	−20～140	7.87863	1473.11	230.0
甲苯 C_7H_8		6.95464	1344.80	219.482
乙酸 $C_2H_4O_2$	0～36	7.80307	1651.2	225
	36～170	7.18807	1416.7	211
氯仿 $CHCl_3$	−30～150	6.90328	1163.03	227.4
四氯化碳 CCl_4		6.93390	1242.43	230.0
乙酸乙酯 $C_4H_8O_2$	−20～150	7.09808	1238.71	217.0
乙醇 C_2H_6O		8.04494	1554.3	222.65
乙醚 $C_4H_{10}O$		6.78574	994.195	220.0
乙酸甲酯 $C_3H_6O_2$		7.20211	1232.83	228.0
环己烷 C_6H_{12}	−20～142	6.84498	1203.526	222.86
1,2-二氯乙烷 $C_2H_4Cl_2$	−31～99	7.0253	1271.3	222.9
乙苯 C_8H_{10}	−20～150	6.95719	1424.251	213.206
异丙醇 C_3H_8O	0～101	8.11778	1580.92	219.61
正丁醇 C_4H_8O	15～131	7.47680	1362.39	178.77

注：摘自 John Dean A. Lange's Handbook of Chemistry，12th. 1979.

表 15 水的密度

$t/℃$	$d/(g/cm^3)$	$t/℃$	$d/(g/cm^3)$
0	0.99987	45	0.99025
3.98	1.0000	50	0.98807
5	0.99999	55	0.98573
10	0.99973	60	0.98324
15	0.99913	65	0.98059
18	0.99862	70	0.97781
20	0.99823	75	0.97489
25	0.99707	80	0.97183
30	0.99567	85	0.96865
35	0.99406	90	0.96534
38	0.99299	95	0.96192
40	0.99224	100	0.95838

注：摘自 Robert Weast C. CRC Handbook of Chemistry and Physics. 63th. 1982～1983：F-11.

表16 有机化合物的密度

下列几种有机化合物之密度可用方程式 $\rho_t = \rho_0 + 10^{-3}\alpha(t-t_0) + 10^{-6}\beta(t-t_0)^2 + 10^{-9}r(t-t_0)^3$ 来计算。式中，ρ_0 为 $t=0℃$ 时的密度，g/mL。

化 合 物	ρ_0	α	β	γ	温度范围/℃
四氯化碳	1.63225	−1.9110	−0.690		0～40
氯仿	1.52643	−1.8563	−0.5309	−8.81	−53～55
乙醚	0.73629	−1.1138	−1.237		0～70
乙醇	0.78506	−0.8591	−0.56	−5	
	($t_0=25℃$)				
醋酸	1.0724	−1.1229	0.0058	−2.0	9～100
丙酮	0.81248	−1.100	−0.858		0～50
乙酸乙酯	0.92454	−1.168	−1.95	20	0～40
环己烷	0.79707	−0.8879	−0.972	1.55	0～60

注：摘自《International Critical Tables of Numerical Data，Physics，Chemistry and Technology》Ⅲ，P28.

表17 一些离子在水溶液中的摩尔离子电导（无限稀释）（25℃）[1]

离子	Λ_m /(×10^{-4}S· m^2/mol)	离子	Λ_m /(×10^{-4}S· m^2/mol)	离子	Λ_m /(×10^{-4}S· m^2/mol)	离子	Λ_m /(×10^{-4}S· m^2/mol)
Ag^+	61.9	K^+	73.5	ClO_4^-	67.9	NO_2^-	71.8
Ba^{2+}	127.8	La^{3+}	208.8	CN^-	78	NO_3^-	71.4
Be^{2+}	108	Li^+	38.69	CO_3^{2-}	144	OH^-	198.6
Ca^{2+}	118.4	Mg^{2+}	106.12	CrO_4^{2-}	170	PO_4^{3-}	207
Cd^{2+}	108	NH^+	73.5	$Fe(CN)_6^{4-}$	444	SCN^-	66
Ce^{3+}	210	Na^+	50.11	$Fe(CN)_6^{3-}$	303	SO_3^{2-}	159.8
Co^{2+}	106	Ni^{2+}	100	HCO_3^-	44.5	SO_4^{2-}	160
Cr^{3+}	201	Pb^{2+}	142	HS^-	65	Ac^-	40.9
Cu^{2+}	110	Sr^{2+}	118.92	HSO_3^-	50	$C_2O_4^{2-}$	148.4
Fe^{2+}	108	Ti^+	76	HSO_4^-	50	Br^-	73.1
Fe^{3+}	204	Zn^{2+}	105.6	I^-	76.8	Cl^-	76.35
H^+	349.82	F^-	54.4	IO_3^-	40.5		
Hg^+	106.12	ClO_3^-	64.4	IO_4^-	54.5		

[1] 各离子的温度系数除 H^+（0.0139）和 OH^-（0.018）外均为 0.02℃$^{-1}$。

注：摘自 John Dean A. Lange's Handbook of Chemistry. 12th. 1979：6-34.

表18 某些物质的熔点和沸点

元素	熔点/℃	沸点/℃	元素	熔点/℃	沸点/℃
H_2	−259.34	−252.8	Cl	−100.98	−34.6
Li	180.54	1342	K	63.25	760
B	2300	2550	Ca	839±2	1484
C(石墨)	3652(升华)		Ti	1660±10	3287
N_2	−209.86	−195.8	Cr	1857±20	2672
O_2	−218.4	−182.96	Mn	1224±3	1962
F_2	−219.62	−188.14	Fe	1535	2750
Ne	−248.67	−245.9	Co	1495	2870
Na	97.81±0.03	882.9	Ni	1455	2730
Mg	648.8	1107	Cu	1083.0±0.2	2567
Al	660.37	2467	Zn	419.58	907
Si	1410	2355	Ga	29.78	2403
P_4	44.1	280	Br_2	−7.2	58.78
S_8	112.8955	444.674	Mo	2610	5560

元素	熔点/℃	沸点/℃	元素	熔点/℃	沸点/℃
Cd	320.9	765	Pt	1772	3827±100
In	156.61	2080	Au	1064.43	2808
Sn	231.9681	2270	Hg	−38.87	356.58
Sb	630.5	1750	Pb	327.502	1740
Ba	725	1640	Bi	271.3	1560±5
W	3410±20	5660			

注：摘自崔献英，柯燕雄，单绍纯．物理化学实验．合肥：中国科技大学出版社，2000.

表 19 几种流体的黏度 单位：mPa·s

温度/℃	水	苯	乙醇	氯仿
0	1.787	0.912	1.733	0.699
10	1.307	0.758	1.466	0.625
15	1.139	0.698	1.345	0.597
20	1.002	0.652	1.200	0.563
25	0.8904	0.601	1.103	0.540
30	0.7975	0.564	1.003	0.514
40	0.6529	0.503	0.834	0.464
50	0.5468	0.442	0.702	0.424
60	0.4665	0.392	0.592	0.389

参 考 文 献

[1]　天津大学物理化学教研室编. 物理化学. 第 4 版. 北京：高等教育出版社，2001.

[2]　顾良证. 武传昌等编. 物理化学实验. 南京：江苏科学技术出版社，1986.

[3]　北京大学化学系物理化学教研室编. 物理化学实验. 修订本. 北京：北京大学出版社，1985.

[4]　罗澄源等编. 物理化学实验. 第 3 版. 北京：高等教育出版社，1991.

[5]　盛以虞主编. 物理化学实验与指导. 北京：中国医药科技出版社，1993.

[6]　东北师范大学等校编. 物理化学实验. 北京：高等教育出版社，1982.

[7]　夏海涛. 物理化学实验. 南京：南京大学出版社，2006.

[8]　吴生子，严忠. 物理化学实验指导书. 长春：东北师范大学出版社，1995.

[9]　查全性等. 电极过程动力学导论. 第 2 版. 北京：科学出版社，1987.

[10]　周伟舫. 电化学测量. 上海：上海科学技术出版社，1985.

[11]　曹楚南. 腐蚀电化学原理. 北京：化学工业出版社，1985.

[12]　沈阳化工学院物理化学教研室. 物理化学实验. 大连：大连理工大学出版社，2006：105-107.

[13]　洪惠婵，黄贵奇. 物理化学实验. 广州：中山大学出版社，1993：174-177.

[14]　复旦大学等. 物理化学实验：上册. 北京：人民教育出版社，1979.

[15]　Kissinger H E. Anal. Chem. ，1957，29：1702.

[16]　武凤兰，艾立成，苏德森. 沈阳药学院学报，1990，7：36.

[17]　陈镜泓，李传儒. 化学通报，1980，1：7.

[18]　陶友田，占丹，张克立. 化学学报，2006，64：435.

[19]　朱自强，徐汛合编. 化工热力学：第 2 版. 北京：化学工业出版社，1996：150-163.

[20]　陈新志，蔡振云，胡望明编著. 化工热力学. 第 2 版. 北京：化学工业出版社，2005.

[21]　Hohenberg P，Kohn W. Inhomogeneous Electron Gas，Phys. Rev.，1964，136：B864.

[22]　Kohn W，Sham L J. Phys. Rev.，1965，140：A1133.

[23]　Slater J C. Quantum Theory of Molecular and Solids. Vol. 4：The Self-Consistent Field for Molecular and Solids. New York：McGraw-Hill，1974.

[24]　Salahub D R，Zerner M C，eds.，The Challenge of d and f Electrons Washington，D. C.：ACS，1989.

[25]　Parr R G，Yang W. Density-functional theory of atoms and molecules Oxford Univ. Oxford：Oxford Press，1989.

[26]　Pople J A，Gill P M W，Johnson B G. Chem. Phys. Lett.，1992，199：557.

[27]　Johnson B G，Frisch M J. J. Chem. Phys.，1994，100：7429.

[28]　Labanowski J K，Andzelm J W，eds. Density Functional Methods in Chemistry. New York：Springer-Verlag，1991.

[29]　Möller C，Plesset M S，Phys. Rev.，1934，46：618.

[30]　Head-Gordon M，Pople J A，Frisch M J. Chem. Phys. Lett.，1988，153：503.

[31]　Pople J A，Binkley J S，Seeger R. Int. J. Quant. Chem. Symp.，1976，10：1.

[32]　Krishnan R，Pople J A. Int. J. Quant. Chem.，1978，14：91.

[33]　Raghavachari K，Pople J A，Replogle E S，Head-Gordon M. J. Phys. Chem.，1990，94：5579.

物理化学实验报告

实验名称_____

班级_____姓名_____学号_____

实验时间_____实验地点_____指导教师_____成绩_____

预 习 及 原 始 数 据 记 录

实验名称＿＿＿＿＿＿＿＿＿＿＿＿＿＿＿＿＿＿＿＿＿＿＿＿＿＿＿＿＿＿＿＿

班级＿＿＿＿＿＿＿＿＿＿姓名＿＿＿＿＿＿＿＿＿学号＿＿＿＿＿＿＿＿＿＿＿

实验时间＿＿＿＿＿＿实验地点＿＿＿＿＿指导教师签名＿＿＿＿＿＿＿＿＿＿

物理化学实验报告

实验名称＿＿＿＿＿＿＿＿＿＿＿＿＿＿＿＿＿＿＿＿＿＿＿＿＿＿＿＿＿

班级＿＿＿＿＿＿＿＿＿＿＿＿＿　姓名＿＿＿＿＿＿＿＿＿＿＿＿　学号＿＿＿＿＿＿＿＿＿＿＿＿

实验时间＿＿＿＿＿＿＿　实验地点＿＿＿＿＿＿　指导教师＿＿＿＿＿＿＿成绩＿＿＿＿

预 习 及 原 始 数 据 记 录

实验名称_____

班级_____姓名_____学号_____

实验时间_____实验地点_____指导教师签名_____

物理化学实验报告

实验名称_____

班级_____姓名_____学号_____

实验时间_____实验地点_____指导教师_____成绩_____

预 习 及 原 始 数 据 记 录

实验名称_____

班级_____姓名_____学号_____

实验时间_____实验地点_____指导教师签名_____

物理化学实验报告

实验名称＿＿＿＿＿＿＿＿＿＿＿＿＿＿＿＿＿＿＿＿＿＿＿＿＿＿＿＿＿

班级＿＿＿＿＿＿＿＿＿＿＿姓名＿＿＿＿＿＿＿＿＿＿学号＿＿＿＿＿＿＿＿＿

实验时间＿＿＿＿＿＿实验地点＿＿＿＿＿指导教师＿＿＿＿＿＿成绩＿＿＿＿

预 习 及 原 始 数 据 记 录

实验名称_____

班级_____姓名_____学号_____

实验时间_____实验地点_____指导教师签名_____

物理化学实验报告

实验名称＿＿＿＿＿＿＿＿＿＿＿＿＿＿＿＿＿＿＿＿＿＿＿＿＿＿＿＿＿＿＿＿＿

班级＿＿＿＿＿＿＿＿＿＿＿＿姓名＿＿＿＿＿＿＿＿＿＿＿学号＿＿＿＿＿＿＿＿＿＿＿

实验时间＿＿＿＿＿＿＿实验地点＿＿＿＿＿＿指导教师＿＿＿＿＿＿成绩＿＿＿＿

预 习 及 原 始 数 据 记 录

实验名称＿＿＿＿＿＿＿＿＿＿＿＿＿＿＿＿＿＿＿＿＿＿＿＿＿＿＿＿＿＿＿

班级＿＿＿＿＿＿＿＿＿＿姓名＿＿＿＿＿＿＿＿＿学号＿＿＿＿＿＿＿＿＿＿

实验时间＿＿＿＿＿＿实验地点＿＿＿＿＿指导教师签名＿＿＿＿＿＿＿＿＿

物理化学实验报告

实验名称＿＿＿＿＿＿＿＿＿＿＿＿＿＿＿＿＿＿＿＿＿＿＿＿＿＿＿＿＿＿＿＿＿＿

班级＿＿＿＿＿＿＿＿＿＿姓名＿＿＿＿＿＿＿＿＿＿学号＿＿＿＿＿＿＿＿＿＿＿＿

实验时间＿＿＿＿＿＿实验地点＿＿＿＿＿指导教师＿＿＿＿＿＿成绩＿＿＿＿

预 习 及 原 始 数 据 记 录

实验名称_____

班级_____ 姓名_____ 学号_____

实验时间_____实验地点_____指导教师签名_____

物理化学实验报告

实验名称_____

班级_____姓名_____学号_____

实验时间_____实验地点_____指导教师_____成绩_____

预 习 及 原 始 数 据 记 录

实验名称_____

班级_____姓名_____学号_____

实验时间_____实验地点_____指导教师签名_____

物理化学实验报告

实验名称 _____

班级 _____ 姓名 _____ 学号 _____

实验时间 _____ 实验地点 _____ 指导教师 _____ 成绩 _____

预 习 及 原 始 数 据 记 录

实验名称_____

班级_____姓名_____学号_____

实验时间_____实验地点_____指导教师签名_____